轻松学造价系列

造价全过程管理

ZAOJIA QUANGUOCHENG GUANLI

王东贺　编著

中国电力出版社
CHINA ELECTRIC POWER PRESS

内 容 提 要

本书共分为七个章节，内容包括造价入门、造价管理基础、建设前期造价管理、招标阶段造价管理、施工阶段造价管理、工程结算、工程造价其他业务。

本书以实用、易懂、全面、严谨为原则，紧密结合工程实际进行编写。书中用语通俗易懂，突出实用性，减少文字叙述篇幅，尽量配图说明。编写过程中参考了国家颁布的最新规范与标准，力求做到全面、严谨。

本书可以作为工程领域从事施工管理、工程造价等岗位人员的基础教材，也可供高校工程管理、土木工程、工程造价等相关专业的师生学习参考。

图书在版编目（CIP）数据

造价全过程管理/王东贺编著．—北京：中国电力出版社，2017.7（2022.8重印）
（轻松学造价系列）
ISBN 978-7-5198-0668-2

Ⅰ.①造…　Ⅱ.①王…　Ⅲ.①建筑造价管理—基本知识　Ⅳ.①TU723.3

中国版本图书馆 CIP 数据核字（2017）第 080607 号

出版发行：中国电力出版社
地　　址：北京市东城区北京站西街 19 号（邮政编码 100005）
网　　址：http：//www.cepp.sgcc.com.cn
责任编辑：未翠霞（010－63412611）
责任校对：王开云
装帧设计：于　音
责任印制：杨晓东

印　　刷：三河市航远印刷有限公司
版　　次：2017 年 7 月第一版
印　　次：2022 年 8 月北京第三次印刷
开　　本：710 毫米×1000 毫米　B5 开本
印　　张：8.5
字　　数：166 千字
定　　价：38.00 元

前　言

工程造价是一个实用性较强的行业，对从业人员的学历要求不高，经过一定的学习和培训即能掌握造价基本理论知识。但是，要想胜任造价工作，仅有理论知识是不够的，因为对于企业来说工程造价是一项重要的经济工作，是对企业的盈亏有直接影响的重要岗位。往往企业在招聘造价人员时，通常会要求有一定的实践经验，这对于刚刚毕业或有志于从事造价行业的外行人来说，是一道很高的门坎。怎样越过这道门坎，通过对本书的阅读希望对您有所帮助。下面介绍一下本书的学习方法。

为了使读者在学习本书内容时有所侧重，每章每个小节都对本节内容的重要程度进行标识：

★★★——非常重要，灵活运用

★★——重要，理解

★——一般，了解常识

读者在读完本书后有所收获，能解除心中的疑惑，这将是对编者最大的鼓励与支持，希望读者经过日后的磨炼、经验的积累成为造价行业里的状元。

本书在编写过程中，得到有关专家的大量帮助，参阅和借鉴大量的文献资料与网络资料，同时也改编了大量的工程案例，为了行文方便，未能在书中一一注明，在此，我们向有关专家和原作者致以真诚的感谢。由于编者的水平有限，虽经编者尽心尽力，但书中难免存在不足之处，恳请广大读者朋友予以批评指正。

编　者

目　录

造 价 入 门

本章导读

对于刚刚踏入造价行业的新人来说，造价工作是一个全新的领域，充满着好奇与新鲜感，但是也伴随着困惑和苦恼。初学者最大的苦恼就是面对一个个具体的工作，却不知如何下手。如何在最短的时间内走入造价行业，适应造价工作，类似的问题也许对每个从事造价行业的老手来说都经历过，本书将以理论和经验结合的方式为您全新解读造价。

从本章开始，我们就要从最基本的知识开始学习造价了，通过本章的学习大家对造价领域和造价基本概念要有初步认识。本章的主要内容有造价行业介绍、工程造价基础理论。

第一节　造价行业介绍

〖重要程度〗 ★

〖应用领域〗 造价咨询、建设单位、施工单位、其他单位

一、造价行业现状

工程造价对工程项目的重要程度不言而喻，几乎所有工程从立项到竣工都要求进行造价管理，包括立项估算、设计概算、招标控制价、投标报价、合同价、施工图预算、工程进度款支付、工程竣工结算等，都必须由造价人员完成。无论是建设单位、施工单位还是造价咨询单位、设计单位，甚至政府审计等，都需要懂造价的人才，这使得造价行业就业渠道广、薪酬高、自由性大、发展机会广阔。因此，社会上对工程造价人才的需求量非常大，就业前景非常火爆，属于新兴的黄金行业。

1. 工程造价行业的前景

工程造价是属于土木建筑方面的，每个工程都会需要进行造价预测和造价管理，这直接关乎项目的盈亏，因此无论公司层面还是项目层面对造价工作都十分重视，有些单位甚至由造价人员直接向领导层汇报工作，所以从事造价行业会有很好的发展前途。

目前，我国正处于经济高速发展时期，建筑行业的发展更是热火朝天。无论是房地产行业还是公园、影剧院、商场等社会公共建筑的建设，不但要保证质量、工期、安全等方面符合要求，还要对工程成本方面精打细算，为国家和单位节约更多资金，达到多、快、好、省的目的。这就需要大量专业造价预算方面的人才，对项目进行专业、细致的造价控制。现阶段，我国造价人数还远远不能满足日益发展的行业需求，所以对于造价方面的人才来说，市场需求量非常大，发展前景相当可观。只要你努力，前景一片光明。

2. 工程造价的薪酬

从事工程造价行业不但就业容易，而且薪酬状况也是处于业内较高水平。就业内行情来看，现在做造价的酬劳都是按工程总造价的百分数给予的。哪怕是做一个小项目，收入也是很不错的。首先，你要拿到造价工程师证，虽然比较难考，不过它比其他五大员证（包括造价员证、施工员证、质检员证、安全员证、材料员证）都值钱，具备一定的造价理论知识，以便于就业和将来再考注册造价工程师、评造价职称；其次，要有熟练的编制造价文件的能力。一个项目的造价关系整个项目是否盈利，任何领导或老板不可能让一个新手来拿自己的项目做练习，因此要用好已完成项目的图纸，多算几套图纸，再与最终的预算书进行对比，找出不足进行总结，从而不断提高自己的能力；最后，要勤学多问，不断充实自己，从学校毕业，这只是你学习道路第一步，只有不断学习，积累经验，才能在造价行业内处于优势地位。

造价人员各阶段薪酬状况曲线如图 1-1 所示。

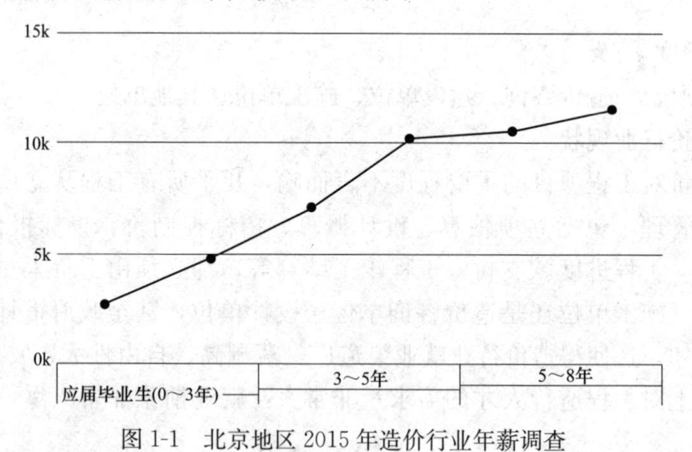

图 1-1　北京地区 2015 年造价行业年薪调查

3. 造价行业的优势

现在，房地产、基础设施建设、市政建设、公路交通等很多领域都需要大量专业造价工程师，就业前景非常好。造价专业人员需具备管理学、经济学和土木工程技术的基本知识，属于复合型人才，就业面极其广泛。在竞争日益激烈的现代社会，造价专业具有多方面的优势，主要有以下几个方面。

（1）综合其他行业的相关知识，系统掌控。造价专业人员不但要掌握造价规范、定额、施工技术，还要掌握材料及市场信息和动态；从工程实际情况出发，运用造价和管理学知识对工程造价进行整体掌控。

（2）造价专业人员稍加培训甚至不培训（视个人素质及专业而定），即可参与甚至从事其他专业工作。

（3）造价专业人员更适合科学合理管理工地，也可成为精明的企业经营者。

（4）造价专业人员还可以从事工程造价的监督审核等工作，专业的重要性不言自明。

（5）造价专业人员是工程不可或缺的重要一环，非其他专业所能代替，是这个工程能否成功获得最大利润的重要组成部分。

二、造价工程师

造价工程师覆盖面非常广，几乎在所有的工程口上，包括从开始的投资估算、设计概算，再到招标投标、竣工结算等，都需要造价工程师来进行管理。而在整个造价工程领域当中，造价工程师是整个领域当中的脊梁和骨干。从造价这一行来讲，这是一个非常具有挑战且需要一定专业知识来支撑的行业。对于造价工程师来讲，不管是资历、能力还是专业素养，都是这个行业的佼佼者，也是这个行业当中处于领先地位的人才。

全国造价工程师执业资格考试由国家建设部与国家人事部共同组织，考试每年举行一次，造价工程师执业资格考试实行全国统一大纲、统一命题、统一组织的办法。原则上每年举行一次，原则上只在省会城市设立考点。考试采用滚动管理，共设 4 个科目，单科滚动周期为 2 年。

（1）考试科目。《建设工程造价管理》《建设工程计价》《建设工程技术与计量（土建或安装）》《建设工程造价案例分析》。

（2）报名条件。凡中华人民共和国公民，遵纪守法并具备以下条件之一者，均可申请造价工程师执业资格考试。

1）工程造价专业大专毕业后，从事工程造价业务工作满五年；工程或工程经济类大专毕业后，从事工程造价业务工作满六年。

2）工程造价专业本科毕业后，从事工程造价业务工作满四年；工程或工程经济类本科毕业后，从事工程造价业务工作满五年。

3）获上述专业第二学士学位或研究生班毕业和获硕士学位后，从事工程造价业务工作满三年。

4）获上述专业博士学位后，从事工程造价业务工作满二年。

上述报考条件中有关学历的要求是指经国家教育部承认的正规学历，其截止日期为报名当年年底。

（3）免试条件。凡符合造价工程师考试报考条件的，且在《造价工程师执业资格制度暂行规定》下发之日（1996 年 8 月 26 日）前，已受聘担任高级专业技术职务并具备下列条件之一者，可免试《建设工程造价管理》《建设工程技术与计量》两个科目，只需要参加《建设工程计价》《建设工程造价案例分析》两个科目的考试。

1）1970年（含1970年，下同）以前工程或工程经济类本科毕业，从事工程造价业务满15年。

2）1970年以前工程或工程经济类大专毕业，从事工程造价业务满20年。

3）1970年以前工程或工程经济类中专毕业，从事工程造价业务满25年。

三、工程造价相关单位介绍

1. 建设单位

建设单位也称为业主单位、甲方，指建设工程项目的投资主体或投资者，也是建设项目管理的主体。在工程建设各方拥有较高的地位，从项目立项开始介入，可行性研究、施工图设计、招标投标、合同签订、施工阶段、竣工验收、竣工决算、项目后评价全程参与管理。对于造价工作来说，可参与或编制投资估算、设计概算、施工图预算、竣工结算、决算等全面的造价管理工作，但是涉入深度较浅，一般不编制实质性的预结算，只负责审核并提出建议、指标数据分析、全面成本控制，其工作环境相对轻松。如××房地产开发公司、××投资建设公司等。

造价岗位工作内容：招标与投标管理、合同管理、分包管理、预结算审核、投资成本测算、全过程造价管理、指标数据收集分析等。

2. 施工单位

施工单位顾名思义就是工程中负责施工的单位，具体来说就是由相关专业人员组成的、有相应资质、进行生产活动的企事业单位，一般工程中也称为乙方(相对建设单位而言)。如××建筑工程公司、××机电安装公司等。

造价岗位工作内容：预结算编制、施工成本测算、索赔分析与处理等。

3. 造价咨询单位

工程造价咨询是指面向社会接受委托，承担工程项目的投资估算和经济评价、工程概算和设计审核、标底和报价的编制和审核、工程结算和竣工决算等业务工作。

工程造价咨询单位是指取得工程造价咨询单位资质证书，具有独立法人资格的企事业单位，分为甲、乙两个等级。甲级单位业务范围可跨地区、跨部门承担各类工程项目的工程造价咨询业务；乙级单位可在本地区范围内承担中型以下工程项目的咨询业务。

造价岗位工作内容：招标代理、合同管理、预结算编制与审核、全过程造价管理、司法鉴定。

4. 勘察与设计单位

勘察单位是勘察施工现场地质情况的单位，为建设单位提供地质勘察报告。设计单位是设计施工图的单位，为建设方提供各类施工图。因为大部分设计单位同时具有勘察和设计资质，又统称为此类单位为勘察设计单位。除此之外，大一些的勘察设计单位其主营业务范围一般都涵盖前期咨询、规划、设计、工程管理、工程监理、工程总承包、专业承包、环评和节能评价等固定资产投资活动全过程。

造价岗位工作内容：设计概算编制、可行性研究等工程经济业务。

5. 监理单位

监理单位是受业主委托对工程建设进行第三方监理的具有经营性质的独立的企业单位。它以专门的知识和技术，协助用户解决复杂的工程技术问题，并收取监理费用，同时对其提供的建筑工程监理服务承担经济和技术责任。建筑工程监理单位的资质等级分为甲、乙、丙三级，不同资质等级的建筑工程监理单位承担不同的建筑工程监理业务。

造价岗位工作内容：同造价咨询单位。

造价行业就业岗位分析如图 1-2 所示。

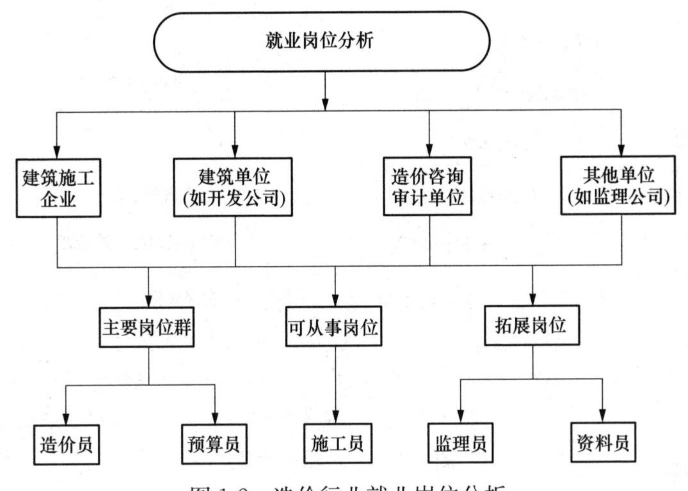

图 1-2　造价行业就业岗位分析

工程建设过程中可能涉及的单位较多，各方需要通过合同形式联系在一起，相互配合、相互制约，其关系如图 1-3 所示。

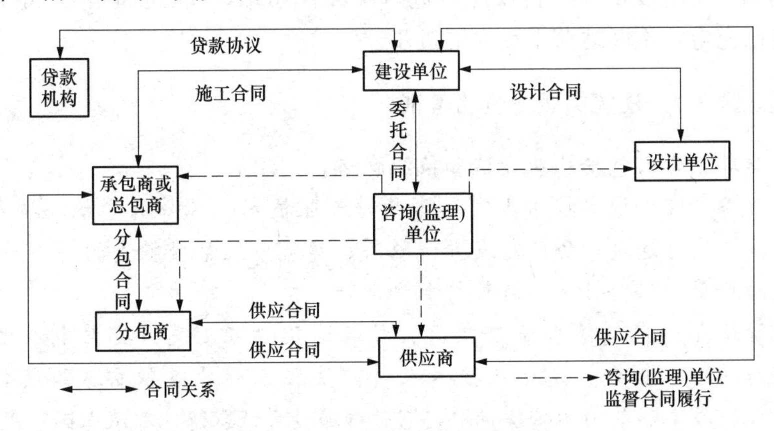

图 1-3　工程中各方合同关系图

四、造价职业规划

职业规划是依据个人的特殊情况、特殊才能，考虑社会背景等多方面主客观因素，结合职业发展的阶段，提出相应的发展目标、拟定实现目标的工作和教育的一个综合体系。做一个适合自己的、合乎现实的职业规划，不仅能帮助我们在职场中看清自己的不足，还能帮助我们健康地发展职业能力。

造价人员的职业生涯路线图是一种典型的 V 形图，可分为向专业技术方向发展和向行政管理方向发展。假如大学毕业 22 岁即参加工作，其职业生涯大致如图 1-4 所示。

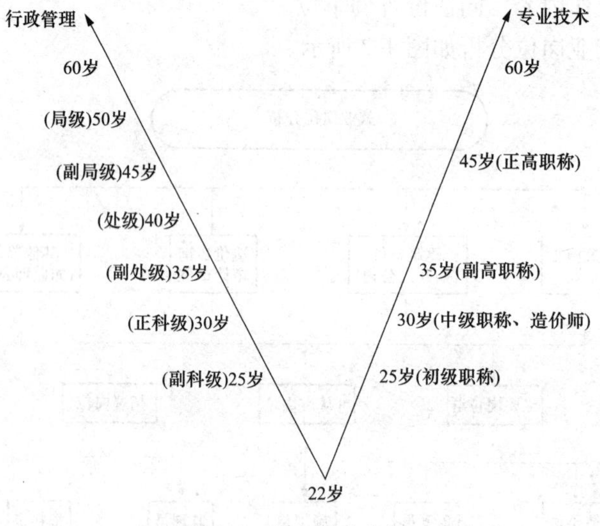

图 1-4　个人职业生涯

图 1-4 将路线划分为若干等份，每等份表示一个年龄段，大家可以参照图示对自己的职业生涯有个初步规划，有了规划就有了奋斗目标，就不会迷失前进的方向。每达到一个阶段都要进行反思，进行阶段性总结，使自己认清不足，通过学习来为自己充电，不断地获得更大的进步。

经验之谈 1-1　建筑类职业资格考试

建筑类职业资格包括从业资格和执业资格。

从业资格是政府规定技术人员从事某种专业技术性工作的学识、技术和能力的起点标准，它可通过学历认定或考试取得。建筑中经常接触到的有造价工程师、施工员、质检员、安全员、材料员与资料员等。

执业资格是政府对某些责任较大、社会通用性强、关系公共利益的专业技术工作实行的准入控制，是专业技术人员依法独立开展或独立从事某种专业技术工作学识、技术和能力的必备标准，它必须通过考试取得。考试由国家定期举行，实行全国统一大纲、统一命题、统一组织、统一时间。与建筑工程相关的执业资格考试：建造师、监理工程师、注册建筑师、注册结构工程师、房地产估价师、造价工程师、注册城市规划师、咨询工程师、注册土木工程师、注册安全工程师等。

经验之谈 1-2　关于职称

职称，最初源于职务名称，理论上职称是指专业技术人员的专业技术水平、能力，以及成就的等级称号，是反映专业技术人员的技术水平、工作能力。就学术而言，它具有学衔的性质；就专业技术水平而言，它具有岗位的性质。

我国各行业职称分类不同，一般的职称分为正高级、副高级、中级、助理级、技术员级 5 个级别。建筑类职称可以分为初级职称（助理工程师）、中级职称（工程师、经济师）、高级职称（高级工程师）。

第二节　工程造价基础理论

〖重要程度〗 ★★★

〖应用领域〗 造价咨询、建设单位、施工单位、其他单位

一、工程造价基础理论

通常，对于施工单位而言，工程造价是指工程价格，即为建成一项工程，预计或实际在土地市场、设备市场、技术劳务市场等交易活动中所形成的建筑安装工程的价格和建设工程总价格。这是以社会主义商品经济和市场经济为前提的。它以工程这种特定的商品形成作为交换对象，通过招标投标、承发包或其他交易形成，在进行多次性预估的基础上，最终由市场形成的价格。通常，把这种工程造价的含义认定为工程承发包价格。

对于建设单位而言，工程造价是指进行某项工程建设花费的全部费用，即该工程项目有计划地进行固定资产再生产、形成相应无形资产和铺底流动资金的一次性费用总和。显然，这一含义是从投资者——业主的角度来定义的。投资者选定一个项目后，就要通过项目评估进行决策，然后进行设计招标、工程招标，直到竣工验收等一系列投资管理活动。在投资活动中所支付的全部费用形成了固定资产和无形资产。所有这些开支就构成了工程造价。从这个意义上说，工程造价就是工程投资费用，建设项目工程造价就是建设项目固定资产投资。固定资产投资包括建设投资和建设期贷款利息。建设投资是工程造价的主要投资部分，分为工程费用、工程建设其他费、预备费。建设项目总投资及工程造价的构成如图 1-5 所示。

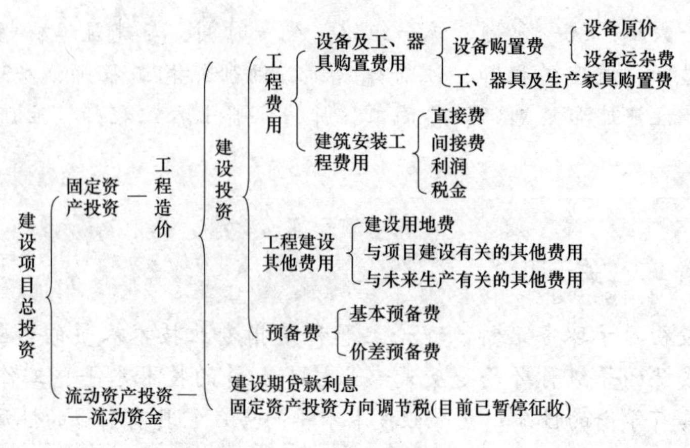

图 1-5　建设项目总投资构成

需要注意的是，建筑安装工程费用由直接费、间接费、利润和税金组成。若是按清单构成，建筑安装工程费用可以分为分部分项工程费、措施项目费、其他项目费、规费、税金。

二、全过程造价管理

一个建设项目从决策到竣工验收并交付使用，其建设程序大体包括以下几个阶段：项目建议书阶段→可行性研究阶段→设计阶段→工程招标投标阶段→施工阶段→竣工验收阶段→后评价阶段。

为了适应工程建设过程中各方经济关系的建立，适应项目管理和工程造价控制的要求，需要按照建设阶段进行多次计价：在项目建议书和可行性研究阶段编制投资估算；初步设计阶段编制初步设计总概算；技术设计阶段编制修正概算；施工图设计阶段编制施工图预算；工程招标投标阶段确定承包合同价；竣工验收阶段确定竣工结算价；竣工决算阶段编制竣工决算，从而达到如实体现该建设工程的实际造价的目的。从整个计价过程来看，计价程序是由粗到细、由浅入深，最后确定工程实际造价。各阶段应编制的造价文件如图 1-6 所示。

（1）投资估算。投资估算是指在投资决策过程中，建设单位或建设单位委托的咨询机构根据现有的资料，采用一定的方法，对建设项目未来发生的全部费用进行预测和估算。

（2）设计总概算。设计总概算是指在初步设计阶段，在投资估算的控制下，由设计单位根据初步设计或扩大设计图纸及说明、概预算定额、设备材料价格等资料，编制确定的建设项目从筹建到竣工交付生产或使用所需全部费用的经济文件。

（3）修正概算。在技术设计阶段，随着对建设规模、结构性质、设备类型等方面进行修改、变动，初步设计概算也做相应调整，即为修正概算。

（4）施工图预算。施工图预算是指在施工图设计完成后，工程开工前，根据

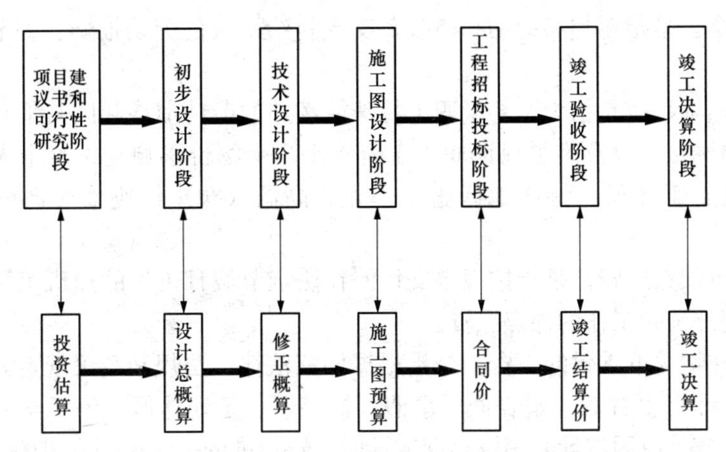

图 1-6　工程建设各阶段与对应的造价文件

预算定额、费用文件计算确定建设费用的经济文件。

(5) 合同价。合同价是发、承包人在施工合同中约定的工程造价。合同价的约定过程也是招标与投标的过程，通过前期招标人编制招标控制价来限定最高投标价，投标人根据招标文件图纸等报出投标价格，招标人通过评标选出最优投标人的投标价格，即为签订合同的合同价。

(6) 竣工结算价。发、承包双方依据国家有关法律、法规和标准规定，按照合同的约定确定最终工程造价。一般地，施工单位竣工结算价为施工合同价与施工过程中所发生的设计变更、工程洽商、工程签证等的工程造价之和。

(7) 竣工决算。建设工程竣工决算是由建设单位编制的反映建设项目实际造价文件和投资效果的文件，是竣工验收报告的重要组成部分，是基本建设项目经济效果的全面反映，是核定新增固定资产价值、办理其交付使用的依据。

三、建筑安装费用组成

1. 根据建标〔2013〕44 号文划分

根据建标〔2013〕44 号关于印发《建筑安装工程费用项目组成》的通知规定，建筑安装工程费用由人工费、材料费、施工机具使用费、企业管理费、利润、规费和税金组成。

建筑安装工程费按照费用构成要素划分：由人工费、材料（包含工程设备，下同）费、施工机具使用费、企业管理费、利润、规费和税金组成。其中，人工费、材料费、施工机具使用费、企业管理费和利润包含在分部分项工程费、措施项目费、其他项目费中。

(1) 人工费。是指按工资总额构成规定，支付给从事建筑安装工程施工的生产工人和附属生产单位工人的各项费用。内容包括以下几个方面。

1) 计时工资或计件工资。是指按计时工资标准和工作时间或对已做工作按计件单价支付给个人的劳动报酬。

2）奖金。是指对超额劳动和增收节支支付给个人的劳动报酬。如节约奖、劳动竞赛奖等。

3）津贴补贴。是指为了补偿职工特殊或额外的劳动消耗和因其他特殊原因支付给个人的津贴，以及为了保证职工工资水平不受物价影响支付给个人的物价补贴。如流动施工津贴、特殊地区施工津贴、高温（寒）作业临时津贴、高空津贴等。

4）加班加点工资。是指按规定支付的在法定节假日工作的加班工资和在法定日工作时间外延时工作的加点工资。

5）特殊情况下支付的工资。是指根据国家法律、法规和政策规定，因病、工伤、产假、计划生育假、婚丧假、事假、探亲假、定期休假、停工学习、执行国家或社会义务等原因按计时工资标准或计时工资标准的一定比例支付的工资。

（2）材料费。是指施工过程中耗费的原材料、辅助材料、构配件、零件、半成品或成品、工程设备的费用。营改增政策实施后材料费为除税价格，具体计算方法见第二章介绍。内容包括以下几个方面。

1）材料原价。是指材料、工程设备的出厂价格或商家供应价格。

2）运杂费。是指材料、工程设备自来源地运至工地仓库或指定堆放地点所发生的全部费用。

3）运输损耗费。是指材料在运输装卸过程中不可避免的损耗。

4）采购及保管费。是指为组织采购、供应和保管材料、工程设备的过程中所需要的各项费用。包括采购费、仓储费、工地保管费、仓储损耗。

工程设备是指构成或计划构成永久工程一部分的机电设备、金属结构设备、仪器装置及其他类似的设备和装置。

（3）施工机具使用费。是指施工作业所发生的施工机械、仪器仪表使用费或其租赁费。营改增政策实施后施工机具使用费为除税价格，具体计算方法见第二章介绍。

1）施工机械使用费。是指以施工机械台班耗用量乘以施工机械台班单价表示的费用。施工机械台班单价应由下列 7 项费用组成。

①折旧费。是指施工机械在规定的使用年限内，陆续收回其原值的费用。

②大修理费。是指施工机械按规定的大修理间隔台班进行必要的大修理，以恢复其正常功能所需的费用。

③经常修理费。是指施工机械除大修理以外的各级保养和临时故障排除所需的费用。包括为保障机械正常运转所需替换设备与随机配备工具附具的摊销和维护费用，机械运转中日常保养所需润滑与擦拭的材料费用及机械停滞期间的维护和保养费用等。

④安拆费及场外运费，安拆费指施工机械（大型机械除外）在现场进行安装与拆卸所需的人工、材料、机械和试运转费用以及机械辅助设施的折旧、搭设、

拆除等费用；场外运费指施工机械整体或分体自停放地点运至施工现场或由一施工地点运至另一施工地点的运输、装卸、辅助材料及架线等费用。

⑤人工费。是指机上司机（司炉）和其他操作人员的人工费。

⑥燃料动力费。是指施工机械在运转作业中所消耗的各种燃料及水、电等。

⑦税费。是指施工机械按照国家规定应缴纳的车船使用税、保险费及年检费等。

2）仪器仪表使用费。是指工程施工所需使用的仪器仪表的摊销及维修费用。

（4）企业管理费。是指建筑安装企业组织施工生产和经营管理所需的费用。营改增后城市维护建设税、教育费附加以及地方教育费附加，也合并到企业管理费。内容包括以下几个方面。

1）管理人员工资。是指按规定支付给管理人员的计时工资、奖金、津贴补贴、加班加点工资及特殊情况下支付的工资等。

2）办公费。是指企业管理办公用的文具、纸张、账表、印刷、邮电、书报、办公软件、现场监控、会议、水电、烧水和集体取暖降温（包括现场临时宿舍取暖降温）等费用。

3）差旅交通费。是指职工因公出差、调动工作的差旅费、住勤补助费，市内交通费和误餐补助费，职工探亲路费，劳动力招募费，职工退休、退职一次性路费，工伤人员就医路费，工地转移费以及管理部门使用的交通工具的油料、燃料等费用。

4）固定资产使用费。是指管理和试验部门及附属生产单位使用的属于固定资产的房屋、设备、仪器等的折旧、大修、维修或租赁费。

5）工具用具使用费。是指企业施工生产和管理使用的不属于固定资产的工具、器具、家具、交通工具和检验、试验、测绘、消防用具等的购置、维修和摊销费。

6）劳动保险和职工福利费。是指由企业支付的职工退职金、按规定支付给离休干部的经费，集体福利费、夏季防暑降温、冬季取暖补贴、上下班交通补贴等。

7）劳动保护费。是企业按规定发放的劳动保护用品的支出。如工作服、手套、防暑降温饮料以及在有碍身体健康的环境中施工的保健费用等。

8）检验试验费。是指施工企业按照有关标准规定，对建筑以及材料、构件和建筑安装物进行一般鉴定、检查所发生的费用，包括自设试验室进行试验所耗用的材料等费用。不包括新结构、新材料的试验费，对构件做破坏性试验及其他特殊要求检验试验的费用和建设单位委托检测机构进行检测的费用，对此类检测发生的费用，由建设单位在工程建设其他费用中列支。但对施工企业提供的具有合格证明的材料进行检测不合格的，该检测费用由施工企业支付。

9）工会经费。是指企业按《工会法》规定的全部职工工资总额比例计提的工会经费。

10）职工教育经费。是指按职工工资总额的规定比例计提，企业为职工进行专业技术和职业技能培训，专业技术人员继续教育、职工职业技能鉴定、职业资格认定以及根据需要对职工进行各类文化教育所发生的费用。

11）财产保险费。是指施工管理用财产、车辆等的保险费用。

12）财务费。是指企业为施工生产筹集资金或提供预付款担保、履约担保、职工工资支付担保等所发生的各种费用。

13）税金。是指企业按规定缴纳的房产税、车船使用税、土地使用税、印花税等。

14）其他。包括技术转让费、技术开发费、投标费、业务招待费、绿化费、广告费、公证费、法律顾问费、审计费、咨询费、保险费等。

15）营改增后新增。包括城市维护建设税、教育费附加以及地方教育附加、营改增增加的管理费用等。

（5）利润。是指施工企业完成所承包工程获得的盈利。

（6）规费。是指按国家法律、法规规定，由省级政府和省级有关权力部门规定必须缴纳或计取的费用。包括以下几种。

1）社会保险费。

①养老保险费。是指企业按照规定标准为职工缴纳的基本养老保险费。

②失业保险费。是指企业按照规定标准为职工缴纳的失业保险费。

③医疗保险费。是指企业按照规定标准为职工缴纳的基本医疗保险费。

④生育保险费。是指企业按照规定标准为职工缴纳的生育保险费。

⑤工伤保险费。是指企业按照规定标准为职工缴纳的工伤保险费。

2）住房公积金。是指企业按规定标准为职工缴纳的住房公积金。

3）工程排污费。是指按规定缴纳的施工现场工程排污费。

其他应列而未列入的规费，按实际发生计取。

（7）税金。营改增实施前是指国家税法规定的应计入建筑安装工程造价内的营业税、城市维护建设税、教育费附加以及地方教育附加；营改增后税金只包括增值税，城市维护建设税、教育费附加以及地方教育附加移到企业管理费中。

建筑安装工程费按照费用构成要素划分构成如图 1-7 所示。

2. 按照工程造价形成划分

建筑安装工程费按照工程造价形成由分部分项工程费、措施项目费、其他项目费、规费、税金组成，分部分项工程费、措施项目费、其他项目费包含人工费、材料费、施工机具使用费、企业管理费、利润。

（1）分部分项工程费。是指各专业工程的分部分项工程应予列支的各项费用。

1）专业工程。是指按现行国家计量规范划分的房屋建筑与装饰工程、仿古建筑工程、通用安装工程、市政工程、园林绿化工程、矿山工程、构筑物工程、城市轨道交通工程、爆破工程等各类工程。

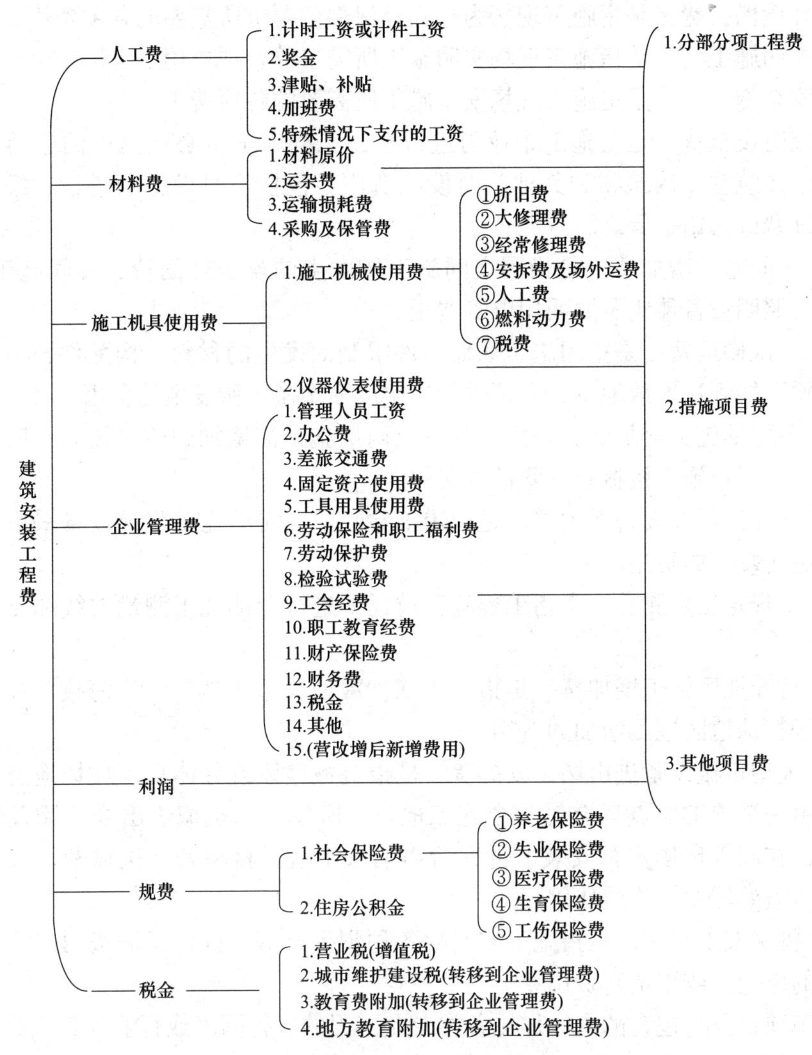

图 1-7 工程建设各阶段与对应的造价文件（1）

注：括号中内容为营改增政策实施后的调整

2）分部分项工程。指按现行国家计量规范对各专业工程划分的项目。如房屋建筑与装饰工程划分的土石方工程、地基处理与桩基工程、砌筑工程、钢筋及钢筋混凝土工程等。

分部分项工程费用综合单价包含人工费、材料费、施工机具使用费、企业管理费、利润以及一定的风险。

（2）措施项目费。是指为完成建设工程施工，发生于该工程施工前和施工过程中的技术、生活、安全、环境保护等方面的费用。内容包括以下几个方面。

1）安全文明施工费。

①环境保护费。是指施工现场为达到环保部门要求所需要的各项费用。

②文明施工费。是指施工现场文明施工所需要的各项费用。

③安全施工费。是指施工现场安全施工所需要的各项费用。

④临时设施费。是指施工企业为进行建设工程施工所必须搭设的生活和生产用的临时建筑物、构筑物和其他临时设施费用。包括临时设施的搭设、维修、拆除、清理费或摊销费等。

2）夜间施工增加费。是指因夜间施工所发生的夜班补助费、夜间施工降效、夜间施工照明设备摊销及照明用电等费用。

3）二次搬运费。是指因施工场地条件限制而发生的材料、构配件、半成品等一次运输不能到达堆放地点，必须进行二次或多次搬运所发生的费用。

4）冬雨期施工增加费。是指在冬季或雨期施工需增加的临时设施、防滑、排除雨雪，人工及施工机械效率降低等费用。

5）已完工程及设备保护费。是指竣工验收前，对已完工程及设备采取的必要保护措施所发生的费用。

6）工程定位复测费。是指工程施工过程中进行全部施工测量放线和复测工作的费用。

7）特殊地区施工增加费。是指工程在沙漠或其边缘地区、高海拔、高寒、原始森林等特殊地区施工增加的费用。

8）大型机械设备进出场及安拆费。是指机械整体或分体自停放场地运至施工现场或由一个施工地点运至另一个施工地点，所发生的机械进出场运输及转移费用及机械在施工现场进行安装、拆卸所需的人工费、材料费、机械费、试运转费和安装所需的辅助设施的费用。

9）脚手架工程费。是指施工需要的各种脚手架搭、拆、运输费用以及脚手架购置费的摊销（或租赁）费用。

措施项目及其包含的内容详见各类专业工程的现行国家或行业计量规范。

（3）其他项目费。

1）暂列金额。是指建设单位在工程量清单中暂定并包括在工程合同价款中的一笔款项。用于施工合同签订时尚未确定或者不可预见的所需材料、工程设备、服务的采购，施工中可能发生的工程变更、合同约定调整因素出现时的工程价款调整以及发生的索赔、现场签证确认等的费用。

2）计日工。是指在施工过程中，施工企业完成建设单位提出的施工图纸以外的零星项目或工作所需的费用。

3）总承包服务费。是指总承包人为配合、协调建设单位进行的专业工程发包，对建设单位自行采购的材料、工程设备等进行保管以及施工现场管理、竣工资料汇总整理等服务所需的费用。

4）暂估价。

（4）规费：定义同要素分类中规费。

（5）税金：定义同要素分类中税金。

建筑安装工程费按照工程造价形成，如图 1-8 所示。

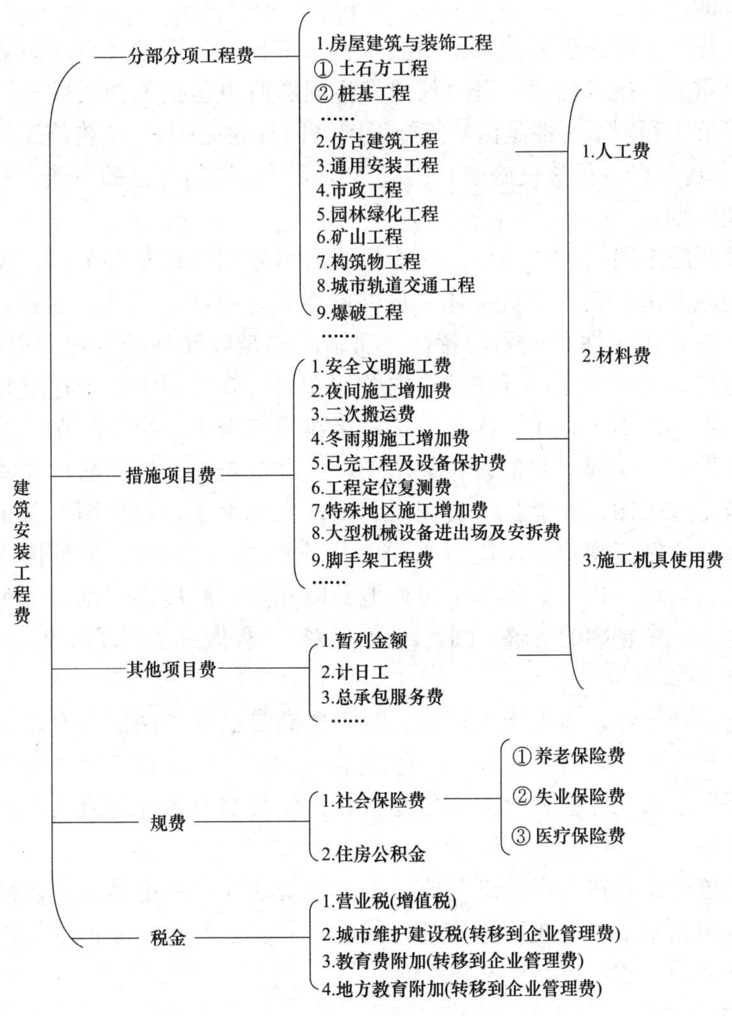

图 1-8 工程建设各阶段与对应的造价文件（2）

注：括号中内容为营改增政策实施后的调整

四、造价入门与提高

进入造价行业并适应专业的发展需求，要着重提高各方面的能力，并注意学习方法的选择，现对其基本技能和学习方法进行介绍。

1. 识图能力

识图能力是进入造价行业乃至整个建筑业最基本的能力，可以说如果不会识图，则在整个行业都寸步难行。学好识图要从以下几个方面入手。

(1) 充分注意培养自己的空间想象力。一套完整的建筑工程施工图通常由建筑施工图、结构施工图、设备施工图三大部分组成，要想在建筑业里很快地胜任自己的工作，首先应该能读懂这些图，而要读懂这些图没有一定的空间想象能力是无法实现的。

(2) 工程施工图是工程建设的重要依据。工程施工图是具有法律效力的正式文件，也是重要的技术档案，有争议或发生问题时也是技术仲裁或法律裁决的重要依据。了解工程图纸一般是由建筑施工图（简称建施图）、结构施工图（简称结施图）、设备施工图（简称设施图）组成。读者可以根据自己的专业，有侧重地学习某一专业图纸。

(3) 掌握施工图阅读的顺序。先建施图后结施图再设备施工图：按施工图表达规律，建施图用来表达建筑整体及局部的组成、形状、尺寸、色彩、材料、构造等内容，带有整体性和全局性特征。而结施图是以建施图表达的内容为基础，进一步表达建筑结构做法，有些结构内容如在建筑施工图中已表达清楚，在结施图中一般就不再详细表达了。因此，相对于建施图来说，结施图在一定程度上有补充说明的性质。要理解和把握一套图纸，只有首先阅读建施图再去阅读结施图最后阅读设备施工图，才能把一套图纸看懂。先基本图，再详图：对于建施图来说，要先阅读比例缩得比较小的总平面图、平面图、剖面图、立面图，再阅读建筑详图。先粗后细：将一套施工图粗略地翻阅几遍，然后再仔细看，粗看时做到对整个工程有一个轮廓的了解，细看时做到掌握工程做法及全部内容。

2. 多去施工现场

对于造价初学者，多去施工现场，对于提高自己的识图能力有很大帮助，为准确计算工程量打下良好的基础。图纸是静态的，只有通过工地现场的了解，图纸才能“活”起来，才能转化为实体建筑物，使我们对各分部或构件的施工工艺流程更加了解。

工程造价是建立在工程图纸与施工上的经济活动，不论是各类定额还是清单规范，都是根据施工工艺流程制定的，因此只有多去现场，才可以加深自己对清单与定额的理解，才能更好地做好造价工作。

3. 养成细心的工作态度

造价这项工作要求心细，不要丢项，也不要重复计算。学会用软件进行预算套价、预算分析、材料分析等工作，但也要注意软件中易忽略的各种设置要求、大量数据输入的准确性、软件本身的一些问题等。对于比较复杂的大型工程，特别是公共建筑工程，结构复杂的那种，需要一定经验，主要是对项目的经验，都有一些什么清单项，要做到不丢项、不多项，当然这是需要一定的时间积累的。

虽说造价工作易学难精，但是如果你心细、勤快、知道如何得到自己需要的答案等，那用不了几年你就可以精通。

4. 注重积累经验

初学者最苦恼的莫过于，做了一个项目的造价工作感觉很清楚，等过一段时间什么也不清楚了，面对新的工程项目还是糊里糊涂的。究其原因是没有做好造价分析总结，没有注重工作经验的积累。造价工作总结与分析主要包括工程量计算规律积累，定额熟练运用，掌握常用人工、材料、机械价格行情，造价指标分析等。

5. 注意社交能力培养

善于与上司和同事打交道的人在职场上广受欢迎，职场生涯成功的概率要比常人高出许多。正如著名心理学家卡耐基所说："一个人的成功，约有15%取决于知识和能力，85%取决于处理人际关系的能力。"这句话足以给人深刻的启示：在人际关系至上的职场里，如果没有高超的交际能力，即使你有再高的学历、再出色的专业技能，也将处处碰壁，甚至一事无成。

刚到一个新单位，"人和"很重要，要与同事和睦相处，这样遇到困难时才不会孤立无援。尤其是初入造价行业的人，人际关系显得尤为重要，面对繁重而又枯燥的工作，时间一长自己就更觉得身心疲惫，这时身边多几个良师益友对自己各方面加以点拨和建议，对自己的学习和以后的发展都会有很大的帮助。

经验之谈 1-3 造价学习

造价在过去通俗的说法也叫预算，其实没什么高深的技术，能看懂图纸，会加减乘除、开方也就够了。如果你能把Excel软件用熟，那工作就更简单了。预算员很好做，特别是从技术口转到预算口，那就更容易了。做预算不难，做好了就不容易，难就难在经验积累上。

现在做预算工作大部分用软件，速度快、计算准确、过程清晰，但是对于初学者来说，我建议大家首先用手算（Excel表格中算），等手算完3个以上工程后，再学习软件计算，这样会对图纸、清单、定额有更深地理解。实际工作过程中，最主要的是把清单以及定额计算规则记熟了，之后的事就是在实践中不断体会理解计算规则的含义，通过经验的积累使自己真正达到融会贯通。我每次手算做预算，都是根据不同的工程做出不同的表，然后输入基本数据，也就是墙中心线、外墙净长线、内墙净长线等，Excel表格会自动计算出结果。举个例子来说，计算一个房间的工程量时，我只需要输入内墙净长线、门窗尺寸、房间净高就可以自动计算出内墙涂料、地面、天花的工程量。这是一个技巧，可以提高计算速度和准确率。当然，有些小地方可能考虑不到，没关系，预算工程量本来就不是要求百分之百的准确。

预算这工作，其实就是要求一个心细，不要丢项，也不要重复计算。对于预算套价、预算分析、材料分析等工作，都是软件的事情了，知道怎么回事就可以了，没必要去多想。当然，如果有条件找一份造价考试用的那种非常简单的小二层结构图，那么试着按定额要求编制一份预算，一个多小时后，你就会对自己刮目相看了。

造价小故事

这几天我的一个朋友正在郁闷之中，原因是他作为一名施工单位的预算主管，称为商务副经理更准确一些，学历不高，工作经验却很丰富，能够熟练通过一些自身经验与方法快速完成工作。但其手下有一名预算员，刚从某名牌大学毕业，学历很高，工作时间却较短，理论知识很丰富但是无实践经验。我的这个朋友安排的一些事情，因为可能与书本上的做法有点儿区别，对方坚决不执行，他们俩关系弄得很不好。因此，造成我的朋友目前工作很难进行。分析原因，那个预算员因为学历较高，理论知识丰富，对于在一个没有学历的人手下做事很不服气，更不服气于受一名很不按常规做事的老预算人员的管理。正因为如此，造成两者关系紧张，工作难度加大。

个人觉得，处理好工作关系非常重要。作为一个直接与领导关系处得非常好的预算人员，是非常重要的！其实，处理好这层关系很简单，所需要做的工作并不多。因此，领导安排的工作应该积极主动地去做，遇到有些想不明白的问题，积极与领导和同事沟通，这样可以达到事半功倍的效果。

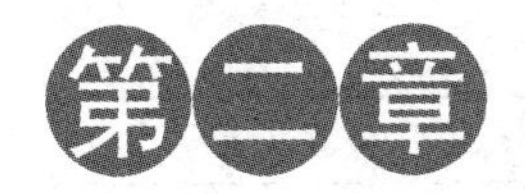

造价管理基础

本章导读

本章以现阶段最新的法规政策为依据，介绍新政策下工程计价与造价管理基础知识。通过对本章的学习，我们要深入了解国家和行业造价的相关规定，尤其是国家实行营改增政策后对工程造价的影响，为今后的工作和学习打下坚实的基础。

第一节　计　价　方　式

〖重要程度〗★★★

〖应用领域〗造价咨询、建设单位、施工单位、其他单位

一、清单计价方式

目前，最新的《建设工程工程量清单计价规范》为2013年版本，也是现阶段建筑市场普遍执行的一版。规范主要是针对建设工程施工发承包计价行为，统一建设工程工程量清单的编制和计价方法，而制定本的。它适用于建设工程发承包及实施阶段的计价活动，主要内容包括招标工程量清单、招标控制价、投标报价、工程计量、合同价款调整、合同价款结算与支付以及工程造价鉴定等工程造价文件的编制与核对。

1. 工程量清单

工程量清单是指建设工程的分部分项工程项目、措施项目、其他项目、规费项目和税金项目的名称和相应数量等的明细清单。工程量清单在招标中同招标文件一同发售给投标人，由发包人或其委托的造价咨询机构编制，其综合单位未标价，留待投标人报价。

工程量清单表见表2-1。

工程量清单组成部分如下。

(1) 项目编码。是指分部分项工程量清单项目名称的数字标识，如表2-1中“40501004001”“40501004002”“40504001002”等。

(2) 项目名称。是指分部分项工程量清单项的名称，如表2-1中“HDPE200双壁波纹排水管”“HDPE300双壁波纹排水管”“污水检查井”等。

表 2-1　　某安装工程分部分项工程量清单表

序号	项目编码	项目名称	项目特征	计量单位	工程量	金额（元）		
						综合单价	合价	其中
								暂估价
1	40501004001	HDPE200 双壁波纹排水管	1. 规格：HDPE200 双壁波纹排水管 SN8 2. 接口方式：胶圈接口 3. 管底敷设 15cm 级配砂石	m	823			
2	40501004002	HDPE300 双壁波纹排水管	1. 规格：HDPE300 双壁波纹排水管 SN8 2. 接口方式：胶圈接口 3. 管底敷设 15cm 级配砂石	m	174			
3	40504001002	污水检查井	1. 名称：圆形模块污水检查井 2. 规格：井径 ϕ900	座	90			
4	040101003001	挖基坑土方	1. 机械挖土方 2. 挖土深度：4m 以内	m^3	1998.64			
5	040103001001	回填方	1. 原土回填 2. 夯填	m^3	5896.92			
6	040103002001	运输	1. 自卸汽车运土 2. 运距 10km 以内	m^3	1461.5			
合　计								

（3）项目特征。构成分部分项工程量清单项目、措施项目自身价值的本质特征，如表 2-1 中第一项清单描述为："1. 规格：HDPE200 双壁波纹排水管 SN8；2. 接口方式：胶圈接口；3. 管底敷设 15cm 级配砂石"。

（4）清单工程量。即工程的实物数量，是以物理计量单位或自然计量单位所表示各个分项或子分项工程和构配件的数量。清单工程量由招标人计算并提供。

（5）综合单价。是指完成一个规定计量单位的分部分项工程量清单项目或措施清单项目所需的人工费、材料费、施工机械使用费和企业管理费与利润，以及一定范围内的风险费用。投标时通俗的说法又叫投标组价，就是在给出的工程量清单的基础上，根据清单的项目特征，正确套上符合项目特征描述的工程定额。

(6) 措施项目。是为完成工程项目施工，发生于该工程施工准备和施工过程的技术、生活、安全、环境保护等方面的非工程实体项目。措施项目又包括可以计算工程量部分和按费率计取部分两种，其中可以计算工程量部分计价方式同分部分项中清单条目，如脚手架、模板等，按费率计取部分是以分部分项或人工合计为基础，乘以相应费率计取。

(7) 暂列金额。是指招标人在工程量清单中暂定并包括在合同款中的一笔款项。用于施工合同签订时尚未确定或者不可预见的所需材料、设备、服务的采购，施工中可能发生的工程变更、合同约定调整因素出现时的工程价款调整以及发生的索赔、现场签证确认等的费用。

(8) 暂估价。是指招标人在工程量清单中提供的用于支付必然发生但暂时不能确定的材料的单价以及专业工程的金额。

(9) 计日工。是指在施工过程中，完成发包人提出的施工图纸以外的零星项目或工作，按合同中约定的综合单价计价。

(10) 总承包服务费。是指总承包人为配合协调发包人进行的工程分包自行采购的设备、材料等进行管理、服务以及施工现场管理、竣工资料汇总整理等服务所需的费用。

(11) 规费。是指根据省级政府或省级有关权力部门规定必须缴纳的，应计入建筑安装工程造价的费用。

(12) 税金。是指国家税法规定的应计入建筑安装工程造价内的营业税、城市维护建设税以及教育费附加等。

2. 招标控制价

招标控制价是指招标人根据国家或省级、行业建设主管部门颁发的有关计价依据和办法，按设计施工图纸计算的，对招标工程限定的最高工程造价。招标控制价的作用决定了招标控制价不同于标底，无须保密。为体现招标的公平、公正，防止招标人有意抬高或压低工程造价，招标人应在招标文件中如实公布招标控制价，不得对所编制的招标控制价进行上浮或下调。

3. 标底

标底是指招标人根据招标项目的具体情况，编制的完成招标项目所需的全部费用，是依据国家规定的计价依据和计价办法计算出来的工程造价，是招标人对建设工程的期望价格。一个工程只能编制一个标底。工程标底价格完成后应及时封存，在开标前应严格保密，所有接触过工程标底价的人员都负有保密责任，不得泄露。

4. 投标价

投标价是指投标人投标时根据招标文件、工程量清单、施工图纸以及其他规范文件报出的工程造价，见表 2-2。

表 2-2　　　招标控制价、标底、投标分部分项工程量清单计价表

序号	项目编码	项目名称	项目特征	计量单位	工程量	金额（元）		
						综合单价	合价	其中 暂估价
1	40501004001	HDPE200 双壁波纹排水管	1. 规格：HDPE200 双壁波纹排水管 SN8 2. 接口方式：胶圈接口 3. 管底敷设 15cm 级配砂石	m	823	115.14	94 760.22	
2	40501004002	HDPE300 双壁波纹排水管	1. 规格：HDPE300 双壁波纹排水管 SN8 2. 接口方式：胶圈接口 3. 管底敷设 15cm 级配砂石	m	174	155.3	27 022.2	
3	40504001002	污水检查井	1. 名称：圆形模块污水检查井 2. 规格：井径 ϕ900	座	90	5707.49	513 674.1	
4	040101003001	挖基坑土方	1. 机械挖土方 2. 挖土深度：4m 以内	m^3	1998.64	28.18	56 321.68	
5	040103001001	回填方	1. 原土回填 2. 夯填	m^3	5896.92	19.18	113 102.93	
6	040103002001	运输	1. 自卸汽车运土 2. 运距 10km 以内	m^3	1461.5	74.26	108 530.99	
			合　计				913 412.12	

二、定额介绍

建设工程定额是指在正常的施工条件和合理劳动组织、合理使用材料及机械的条件下，完成单位合格产品所必须消耗资源的数量标准，其中资源主要包括在建设生产过程中所投入的人工、机械、材料和资金等生产要素。建设工程定额反映了工程建设投入与产出的关系，它一般除了规定的数量标准以外，还规定了具体的工作内容、质量标准和安全要求等。建设工程定额是工程建设中各类定额的总称。

1. 按生产要素消耗内容分类

（1）人工定额。又称劳动定额，是指在正常的施工技术条件下，完成单位合格产品所必需的人工消耗量标准。

（2）材料消耗定额。材料消耗定额是指在合理和节约使用材料的条件下，生产合格单位产品所必需消耗的一定规格的材料、成品、半成品和水、电等资源的数量标准。

（3）施工机械台班使用定额。施工机械台班使用定额，又称为施工机械台班消耗定额，是指施工机械在正常施工条件下完成单位合格产品所必需的工作时间。它反映了合理、均衡地组织劳动和使用机械的在单位时间内的生产效率。

2. 按编制程序和用途分类

（1）施工定额。施工定额是同一性质的施工过程——工序，作为研究对象，表示生产产品数量与时间消耗综合关系编制的定额。施工定额是工程建设定额总分项最细、定额子目最多的一种企业性质定额，属于基础性定额。它是编制预算定额的基础。

（2）预算定额。预算定额是以建筑物或构筑物各个分部分项工程对象编制的定额。预算定额是以施工定额为基础综合扩大编制的，同时也是编制概算定额的基础。

（3）概算定额。概算定额是以扩大的分部分项工程为编制对象。

（4）概算指标。概算指标是概算定额的扩大与合并，它是以整个建筑物和构筑物为对象，以更为扩大计量单位来编制的。

（5）投资估算指标。投资估算指标是在项目建议书和可行性研究阶段编制的投资估算，计算投资需要量时使用的一种指标，是合理确定建设工程项目投资的基础。

3. 其他分类方式

此外，按主编单位和管理权限来划分，共分为 5 类；按专业性质分又可分为 3 类，具体分类名称如图 2-1 所示。

三、造价文件编制

造价是一个专业性比较强的工作，它不仅要求我们对建筑工程技术有所了解，还要求我们对图纸以及清单、定额、规范要相当熟悉。所以，初到造价岗位的时候，一定要先熟悉图纸，多看看清单、定额，然后拿一个较简单的图纸对着清单列项算一算，套套定额找找感觉。初学造价者可以按以下步骤进行训练。

1. 收集基础资料做好准备

主要收集编制施工图预算的编制依据。包括施工图纸、有关的通用标准图、图纸会审记录、设计变更通知、施工组织设计、预算定额、取费标准及市场材料价格等资料。

2. 熟悉施工图等基础资料

编制施工图预算前，应熟悉并检查施工图纸是否齐全、尺寸是否清楚，了解设计意图，掌握工程全貌。另外，针对要编制预算的工程内容搜集有关资料，包括熟悉并掌握预算定额的使用范围、工程内容及工程量计算规则等。

3. 了解施工组织设计和施工现场情况

编制施工图预算前，应了解施工组织设计中影响工程造价的有关内容。例如，

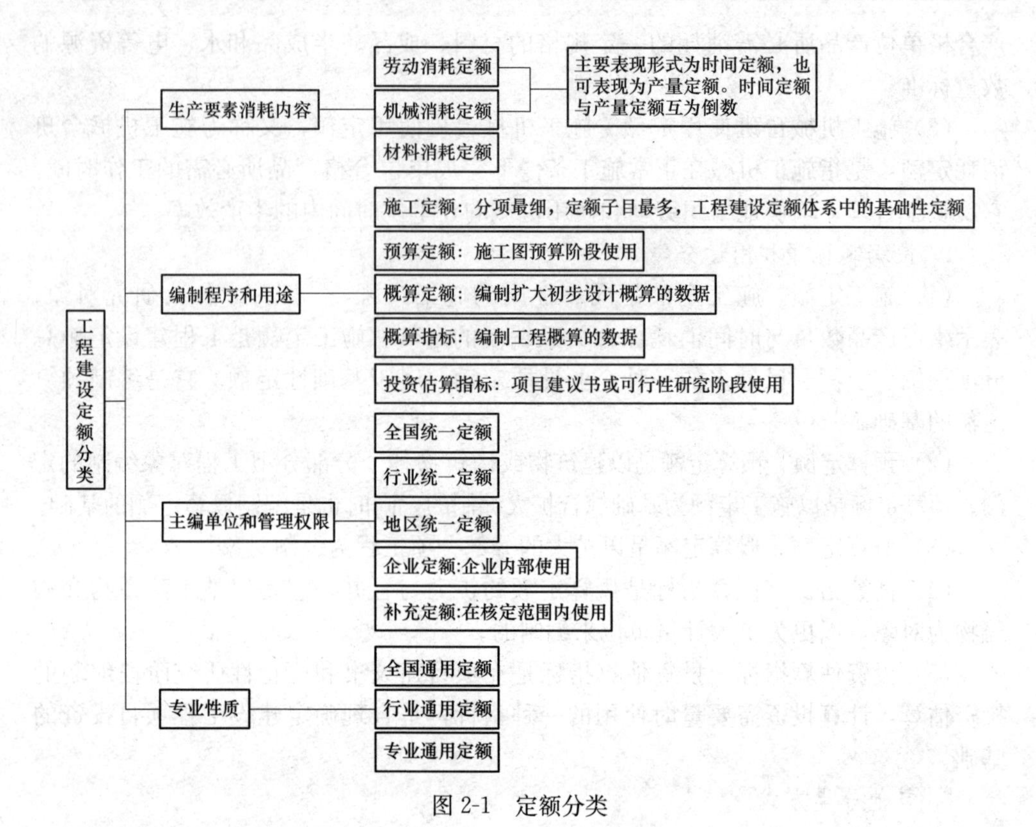

图 2-1　定额分类

各分部分项工程的施工方法，土方工程中余土外运使用的工具、运距，施工平面图对建筑材料、构件等堆放点到施工操作地点的距离等，以便能正确计算工程量和正确套用或确定某些分项工程的基价。这对于正确计算工程造价、提高施工图预算质量，有着重要意义。

4. 工程量计算

工程量计算应严格按照图纸尺寸和现行清单与定额规定的工程量计算规则，遵循一定的顺序逐项计算工程量。计算各分部分项工程量前，最好先列项，也就是按照分部工程中各分项清单项的顺序，先列出单位工程中所有分项清单的名称，然后再逐个计算其工程量。这样可以避免工程量计算中出现盲目、零乱的状况，使工程量计算工作有条不紊地进行，也可以避免漏项和重项。有关清单工程量计算方法和规则，参见附录。

5. 汇总工程量、套预算定额基价（预算单价）

各分项工程量计算完毕，并经复核无误后，按清单规定的分部分项工程顺序逐项汇总，然后将汇总后的工程量抄入工程预算表内，并把计算项目的相应定额编号、计量单位、预算定额基价以及其中的人工费、材料费、机械台班使用费，填入工程预算表内。

6. 计算直接工程费

计算各分项工程直接费并汇总，即为一般土建工程定额直接费，再以此为基数计算其他直接费、现场经费，求和得到直接工程费。

7. 计取各项费用

按取费标准（或间接费定额）计算间接费、利润、税金等费用，求和得出工程预算价值并填入预算费用汇总表中。同时，计算技术经济指标，即单方造价。

8. 进行工料分析

计算出该单位工程所需要的各种材料用量和人工工日总数，并填入材料汇总表中。这一步骤通常与套定额单价时同时进行，一般还要进行人工、材料、机械价差调整。

9. 编写编制说明、填写封面、装订成册

以上方法为手工编制预算的方法，现在大部分都是用软件计价，区别从第四步开始，第四步除计算工程量外，还需要利用软件列清单项；第五步，汇总工程量，将汇总好的工程量填入软件清单列项中，并根据清单描述套取合适的定额；第六步，按现行规定调整取费，按信息价调整人工、材料、机械价差即可，软件自动生成各种分析表格；第七步，选取表格打印装订成册。

经验之谈 2-1　BIM 在造价中的应用

目前，大家对 BIM 技术已经不再陌生，BIM 中文翻译为建筑信息模型，通俗地讲，就是以建筑工程项目为主体，将其相关的所有信息数据作为基础，建立建筑模型，通过这种模型我们可以直观、清晰地看到拟建建筑项目的真实信息。

其实说到 BIM，造价人员也曾接触，目前市场上大多数算量软件都可以算作 BIM 软件的雏形，如广联达、鲁班等。但是，这只是建筑信息模型的一个缩影，或者说一个碎片。广联达、鲁班我们是建立在拥有二维图纸、进行建模的基础之上。而传统的算量软件，或者说目前造价行业所使用的算量软件相对于 BIM 模型来说具有很大不足。随着科技的不断进步，BIM 技术必将不断完善，在建筑领域的应用定会更加广泛。

对于造价人员来说，BIM 模型是一个存储项目构件信息的数据库，可以为造价人员提供造价编制所需的项目构件信息，从而大大减少根据图纸人工识别构件信息的工作量以及由此引起的潜在错误。因此，BIM 的自动化算量功能可以使工程量计算工作摆脱人为因素影响，得到更加客观的数据。同时，随着云计算技术的发展，BIM 算量可以利用云端专家知识库和智能算法自动对模型进行全面检查，提高模型的准确性。

造价人员在学好造价基础理论知识的前提下，应学会掌握一两种常用的软件的使用，并不断更新自己的知识，为自己的职业生涯打下良好的基础。

第二节　营改增政策解读

〖重要程度〗 ★★★

〖应用领域〗 造价咨询、建设单位、施工单位、政府部门

一、营改增政策概述

自2016年5月1日起，我国已全面实施营业税改增值税（以下简称“营改增”），使得营业税退出历史舞台，增值税制度更加规范。

“营改增”政策的实施，将使建筑行业所有环节都缴纳增值税，环环相扣，层层抵消，人工、材料和机械等全都实现价税分离，要求在信息价和市场价的采集方面都要考虑增值税的因素，组价过程的复杂程度会有进一步提高，但计价体系会更加严谨和精细，实现价税彻底分离。

二、营改增基础知识

1. 征收率与税率

征收率类似于营业税，按照销售额计算应纳税额，不能抵扣进项税额，统一为3%，特殊为5%，简易计税方法采用，适用于小规模纳税人或特定一般纳税人。

按照销售额计算销项税额，可以通过进项税额抵扣，不同行业税率不同，分为17%、11%、6%、0%四挡（生产企业为13%），一般计税方法采用，适用于一般纳税人。

2. 销项税额

销项税额是指纳税人发生应税行为按照销售额和增值税税率计算并收取的增值税额。销项税额计算公式为

销项税额＝销售额×税率

销售额就是商品价值，它是不包含增值税和进项税的。

3. 进项税额

进项税额是指纳税人购进货物、加工修理修配劳务、服务、无形资产或者不动产，支付或者负担的增值税额。进项税额计算公式为

一般计税方法应纳税额＝当期销项税额－当期进项税额

例如，某施工单位采购100t钢筋，钢筋不含税材料价格为2500元/t，增值税税率为17%，那么施工单位采购此批钢筋进项税额＝2500×100×17%＝42500元。

4. 计税方法

营改增后计税方法有两种：一般计税方法和简易计税方法，相应的工程造价计价方法也是在这两种计税方式下进行的。

一般计税方法的应纳税额，是指当期销项税额抵扣当期进项税额后的余额。应纳税额计算公式为

应纳税额＝当期销项税额－当期进项税额

一般计税方法税率对于建筑行业为11%。

简易计税方法的应纳税额，是指按照销售额和增值税征收率计算的增值税额，不得抵扣进项税额。应纳税额计算公式为

应纳税额=销售额×征收率

简易计税的征收率对于建筑行业为3%。

三、营改增适用范围

合同开工日期在2016年5月1日（含）后的房屋建筑和市政基础设施工程，应执行营改增后计价方式。

作为过渡开工日期在2016年4月30日前的建筑工程（简称老项目），施工单位可以选择简易计税方法或一般计税方法。

四、计税方法选择

1. 计税方法的比较

对于建筑行业一般计税方法税率为11%，而简易计税方法征收率为3%，费率相差很大。但是，衡量建筑行业企业税负的不是税率，对于一般计税方法来说，建筑企业所交的税额=(税前工程造价×11%-进项税额)，其中进项税额为施工单位为本工程建设所采购的钢筋、水泥、混凝土、地砖等材料的进项增值税发票额，这个数额往往很大，有时候甚至大于税前工程造价×11%的金额。这就对施工单位非常有利。

而对于简易计税方法来说，税前工程造价×3%就是建筑企业所缴纳的税款。在此期间，采购材料设备等的增值税发票不准抵扣。

2. 税负率

税负率是指增值税纳税义务人当期应纳增值税占当期应税销售收入的比例。对简易计税方法来说，税负率就是征收率3%，而对一般计税方法来说，由于可以抵扣进项税额，税负率就不是17%或13%，而是远远低于该比例。增值税税负率计算公式为

增值税税负率=(税前工程造价×11%-进项税额)/税前工程造价

=11%-进项税额/税前工程造价

因此，我们可以比较：

进项税额/税前工程造价>8%，增值税税负率小于3%，选择一般计税方法纳税额较低。

进项税额/税前工程造价<8%，增值税税负率大于3%，选择简易计税方法较低。

经验之谈2-2　营改增老项目与新项目

什么叫新项目？什么叫老项目？新老项目划分为以下4种情况。

（1）第一个标准是以工程施工许可证为标准的。营改增政策实施（2016 年 5 月 1 日）之前签订的建筑施工合同，但没有办理施工许可证，工程未动工，5 月 1 日后才办理施工许可证，工程正式动工的项目，叫作新项目。

（2）第二个标准是以合同为准。2016 年 5 月 1 日后签订施工合同的项目叫作新项目。

（3）2016 年 5 月 1 日前未完工、营改增之后继续施工的项目，叫作老项目。

（4）“先上车后买票”的行为，2016 年 5 月 1 日之前没有签合同，包括工程施工许可证等法律手续，但已正式动工了，5 月 1 日后补办手续的工程，还叫作老项目。

第三节　营改增后工程造价分析

〖重要程度〗 ★★★

〖应用领域〗 造价咨询、建设单位、施工单位、其他单位

一、营业税下计价规则概述

营业税计价模式下工程造价由人工费、材料费、施工机具使用费、企业管理费、利润、规费、税金组成。其中，人工费、材料费、施工机具使用费、企业管理费、利润包含在分部分项工程费、措施项目费、其他项目费中。可以表示为如下公式：

工程造价＝人工费＋材料费＋施工机具使用费＋企业管理费＋利润＋规费＋税金

此种计价方式下的税金包括营业税、城市维护建设税、教育费附加、地方教育费附加。营业税就是建筑企业营业税纳税额，其余部分可以称作附加税费（城市维护建设税＋教育费附加＋地方教育费附加）。工程造价构成如图 2-2 所示。

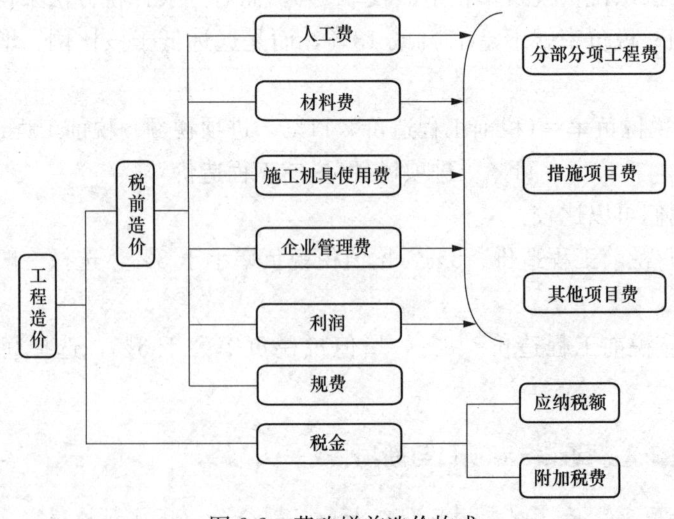

图 2-2　营改增前造价构成

二、营改增后计价构成

1. 营业税模式下工程造价构成

营业税模式下工程造价构成如图 2-3 所示。

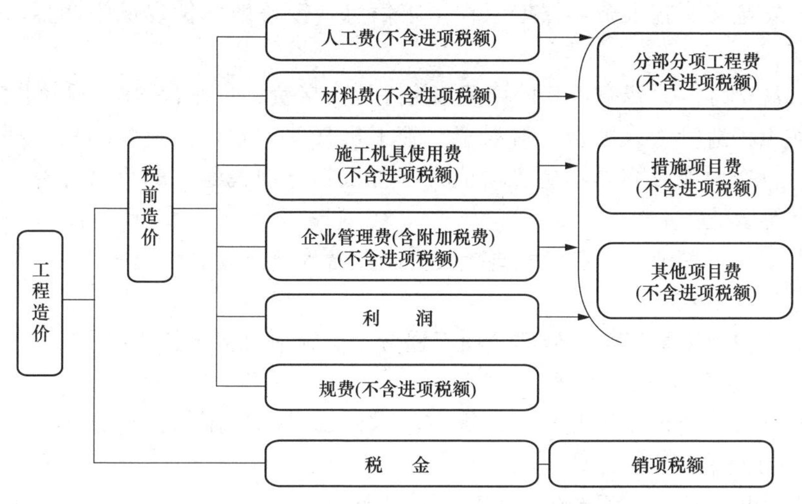

图 2-3　营改增模式下工程造价构成

2. 直接费组成及计算方法

（1）人工费无进项税，人工费不需要调整。

（2）材料（设备）单价有除税市场信息价的计入除税市场信息价。信息价中缺项材料通过市场询价计入不含可抵扣增值税进项税的市场价格。若为含税市场价格，根据财税部门规定选择适用的增值税税率（或征收率），并结合供货单位（应税人）的具体身份，所能开具增值税专用发票实际情况，根据“价税分离”计价规则对其市场价格进行除税处理。除税价格计算公式为

除税价格＝含税价格/(1＋税率/征收率)

各项材料适用税率准确选取，可根据供货单位开具增值税专用发票上载明的税率计算。材料预算单价包括材料原价、运杂费、运输损耗费、采购及保管费四项费用。材料原价进项税额原则上按货物适用增值税税率 17%、13%和征收率 3%计算；运杂费进项税额原则上按交通运输业增值税税率 11%计算；运输损耗费进项税额以材料原价进项税额和运杂费进项税额之和乘以运输损耗率计算；采购及保管费原则上应考虑进项税额抵扣。

（3）施工机械台班单价按《工程造价信息》（营改增版）中除税市场信息价计入。信息价中缺项机械台班单价通过市场询价计入不含增值税进项税的市场价格。

3. 税前工程造价

（1）企业管理费除包括建筑安装企业组织施工生产和经营管理所需费用外，新并入附加税费和企业实施营改增工作增加的管理费用。注意：企业管理费的内

容增加后，在投标决策时，请慎重考虑报价策略（费率竞争时让利下浮幅度范围重新核定），适应企业管理费的调整要求。

(2) 利润维持原费率，其计算基数为除税直接费与企业管理费之和。

(3) 安全文明施工费，根据工程基本信息，按各地计价政策中调整后的定额费率计算。

(4) 规费维持原费率，其计算基数为除税直接费、企业管理费、利润之和。

税前工程造价为人工费、材料费、施工机具使用费、企业管理费、利润和规费之和，各费用项目均以不包含增值税（可抵扣进项税额）的价格计算。税前工程造价计算公式为

税前工程造价＝直接费＋企业管理费＋利润＋规费

清单计价方式：

税前工程造价＝分部分项工程费＋措施项目费＋其他项目费

4. 工程造价

税金（增值税销项税额）的计算方法，根据具体适用的计税方法选用增值税税率11%或征收率3%计算。

一般计税方法，工程造价可按以下公式计算：

工程造价＝税前工程造价×(1＋11%)

11%为建筑业适用增值税税率。

由此，税金计算公式为

税金＝税前工程造价×(税率/征收率)

或

税金＝工程造价/(1＋税率/征收率)×(税率/征收率)

三、营改增前后工程造价分析

增值税模式下工程计价规则相对于营业税下工程计价规则而言主要存在两方面差异：一是计价价格形式差异，两种税制下费用计价价格发生变化，营业税下费用项目是价内税，增值税下费用项目以不含税价格计入。二是税金计取内容差异，营业税下工程造价中税金以纳税额（含税工程造价）为基数，增值税下工程造价中税金以不含税销售额（不含税工程造价）计取。

经验之谈 2-3　营改增对从业人员影响

1. 对从事算量、计价造价人员影响

对此类人员影响不是特别大，只要稍加学习，并熟悉相关软件的变动就可以解决这个问题。无非就是材料、机械都是选用价格信息中除税价格，最后取一个11%的增值税。另外就是一个简易征收的问题，各地有各地的规则，基本就是过渡工程可以选择简易征收，甲供工程也可以选择简易征收。只要注意到以上变化就不会有太大问题。

2. 对造价管理人员影响

对造价管理人员来说，营改增对全过程造价管理工作影响非常大。首先站在不同角度会选择不同计价方式，例如，站在施工单位的角度来讲，能简易征收就简易征收，因为其利润计价基数是含增值税的直接费，基数基础大，利润也较大；从建设单位来讲，能采用增值税模式就采用增值税模式，因其总造价降低，可以减少投入成本。尤其是在政策过渡期间，对全过程造价管理人员既要执行国家政策又要控制工程造价，还要协调关系提出咨询意见，任务非常繁重。

3. 对工程财务人员影响

国家出台增值税模式的初衷就是减轻税务负担，同时避免偷税漏税。但是我国目前施工企业的管理真的就是不能再差了，从财务到现场管理都普遍非常糟糕。营改增政策的实施刚好迫使施工企业做出改变，想要节省成本，必须正规管理，从正规渠道采购材料，开具正规增值税专用发票，才能获得足够的进项税来抵扣，同时降低成本，对于财务人员来说也是一项巨大挑战。

第四节　营改增对建筑行业影响及对策

〖重要程度〗　★★

〖应用领域〗　造价咨询、建设单位、施工单位、政府部门

一、对建筑行业整体影响

1.“营改增”对于建筑行业影响的根源

（1）增值税是价外税：即价和税分开核算。

（2）增值税应纳税额是计算（减法）：销项税额-进项税额。

（3）增值税纳税人和税率较为复杂。

（4）增值税发票三流合一（票、钱、货或服务）：票是谁开的，就要从谁接受服务或者货物，还要把钱打给谁；票开给谁，就要给谁提供服务或者货物，还要从对方收钱。

2. 对工程管理模式影响

工程项目现阶段管理模式主要有以下几种。

（1）自管模式。是指建筑企业以自己名义中标，并设有指挥部管理项目，下属子公司成立项目部参建的模式。

（2）代管模式。是指子公司以母公司名义中标，中标单位不设立指挥部，直接授权子公司成立项目部代表其管理项目的模式。

（3）平级共享模式。是指平级单位之间的资质共享，如二级单位之间、三级单位之间，中标单位不设立指挥部，直接由实际施工单位以中标单位的名义成立项目部管理项目的模式。

影响分析：

（1）合同签订主体与实际施工主体不一致，进销项税无法匹配，无法抵扣进项税。

（2）中标单位与实际施工单位之间无合同关系，无法建立增值税抵扣链条，影响进项税抵扣。

（3）内部总分包之间不开具发票，总包方无法抵扣分包成本的进项税。

3. 对企业架构的影响

大型建筑企业集团一般均拥有数量众多的子、分公司及项目机构，管理上呈现多个层级，且内部层层分包的情况普遍存在。税务管理难度和工作量增加，主要表现为：多重的管理层级和交易环节，造成了多重的增值税征收及业务管理环节，从而加大了税务管理难度及成本。

解决方案：

（1）现有组织架构调整。

1）梳理各子、分公司及项目机构的经营定位及管理职能，推进组织结构扁平化改革。

2）梳理下属子公司拥有资质的情况，将资质较低或没有资质的子公司变为分公司。

（2）未来组织架构建设。

1）推动专业化管理。

2）慎重设立下级单位。

3）新公司尽量设立为分公司。

二、对投标市场的影响

（1）《全国统一建筑工程基础定额与预算》部分内容需修订，建设单位招标概预算编制也将发生重大变化，相应的设计概算和施工图预算编制也应按新标准执行，对外发布的公开招标书的内容也要有相应的调整。

（2）这种变化使建筑企业投标工作变得复杂化。

（3）企业施工预算需要重新进行修改，企业的内部定额也要重新进行编制。

（4）对建造产品造价产生全面又深刻的影响。

（5）合同签订方与实际适用方名称不一致，“营改增”后无法实现进项税额抵扣。

三、对材料、设备管理的影响

建筑业大量的人工费、材料费、机械租赁费、其他费用等大量成本费用进项，由于各种原因难以取得增值税进项专用发票，从而难以或无法抵扣。

各地自产自用的大量材料无法取得可抵扣的增值税进项税发票。施工用的很多二三类材料（零星材料和初级材料如砂、石等），因供料渠道多为小规模企业或个体、私营企业及当地老百姓个人，通常只有普通发票甚至只能开具收据，难以取得可抵扣的增值税专用发票。

工程成本中的机具使用费和外租机械设备一般都开具普通服务业发票。

甲供、甲控材料抵扣存在困难。

建筑企业税改前购置的大量原材料、机器设备等，由于都没有实行增值税进项税核算，全部被作为成本或资产原值，无法抵扣相应的进项税，造成严重的虚增增值额，税负增加。

四、对工程造价的影响

（1）对仿古建筑工程、砖混结构建筑物影响较大，经测算施工单位成本增加约3%（非黏土砖瓦、灰、砂、石、普通混凝土增值税征收率3%，增值税专用发票收集较为困难，即使抵扣后也交纳约8%增值税）。

（2）对一般结构工程（如框剪结构、剪力墙结构等）影响较小，经测算施工单位成本约减少3%。

（3）对钢结构工程产生有利影响较大，施工单位的增值税纳税额有可能为负值。钢结构工程材料费占工程造价比例大，可抵扣的17%增值税额，有可能大于建筑工程11%增值税额。

（4）营改增后由于计算基数的降低导致营业收入大幅降低，预计下降9.91%；导致净利润率或将大幅下降。由于建筑行业本身就是微利行业，管理非常粗放，营改增之后，要求企业提升管理水平，精细化管理，从长远来说是好事，但短期内或将税负上升并导致公司净利润率严重下滑，甚至可能出现整体性亏损。

经验之谈 2-4　增值税有关知识

以前建筑行业中的营业税属于地税，而营改增后的增值税属于国税，营改增后税收程序更加严格，财务人员工作量加大。

增值税发票分为增值税普通发票和增值税专用发票，增值税普通发票只能抵扣企业所得税，不可以抵扣增值税；增值税专用发票既可抵扣增值税，也可抵扣企业所得税。

增值税专用发票“四流一致”，否则视为虚开（合同流、发票流、资金流、货物流）。合同双方名称、发票双方名称、货物流向、资金流向必须一致，否则视为虚开发票，需要承担虚开发票的责任。

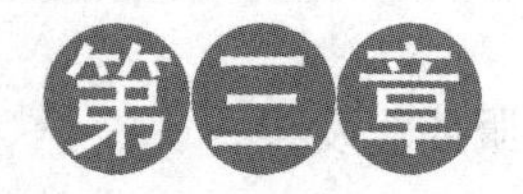

建设前期造价管理

本章导读

建设前期造价管理包括决策阶段造价管理和设计阶段造价管理。

决策阶段的投资估算是项目建设前期编制项目建议书和可行性研究报告的重要组成部分，投资估算的准确与否直接影响到可行性研究工作的质量和经济评价的结果，因而对建设项目的决策及成败起着十分重要的作用。

设计阶段的设计概算是国家制定和控制建设投资的依据；是进行拨款和贷款以及签订总承包合同的依据；也是后续造价控制的依据。

为了更好地全面控制建设项目成本，近些年房地产开发企业以及造价咨询公司采取合约规划的方式进行合同与成本控制。为了使读者更好地了解最新造价管理方式，本章将对合约规划编制进行讲解。

第一节　投　资　估　算

〖重要程度〗　★

〖应用领域〗　造价咨询、建设单位

一、投资估算构成

投资估算是建设项目决策的一个重要依据。根据国家规定，在整个建设项目投资决策过程中，必须对拟建建设工程造价（投资）进行估算，并据此研究是否进行投资建设。投资估算的准确性是十分重要的，若估算误差过大，必将导致决策的失误。因此，准确、全面地估算建设项目的工程造价是建设项目可行性研究的重要依据，也是整个建设项目投资决策阶段工程造价管理的重要任务。

投资估算在项目开发建设过程中的作用有以下几点。

(1) 项目建议书阶段的投资估算，是项目主管部门审批项目建议书的依据之一，并对项目的规划、规模起参考作用。

(2) 项目可行性研究阶段的投资估算，是项目投资决策的重要依据，也是分析、计算项目投资经济效果的重要条件。

(3) 项目投资估算对工程设计概算起控制作用，设计概算不得突破投资估算额，应控制在投资估算额以内。

（4）项目投资估算可作为项目资金筹措及制定建设贷款计划的依据。

（5）项目投资估算是核算建设项目固定资产投资需要额和编制固定资产投资计划的重要依据。

二、编制程序

投资估算编制程序可按图 3-1 进行。

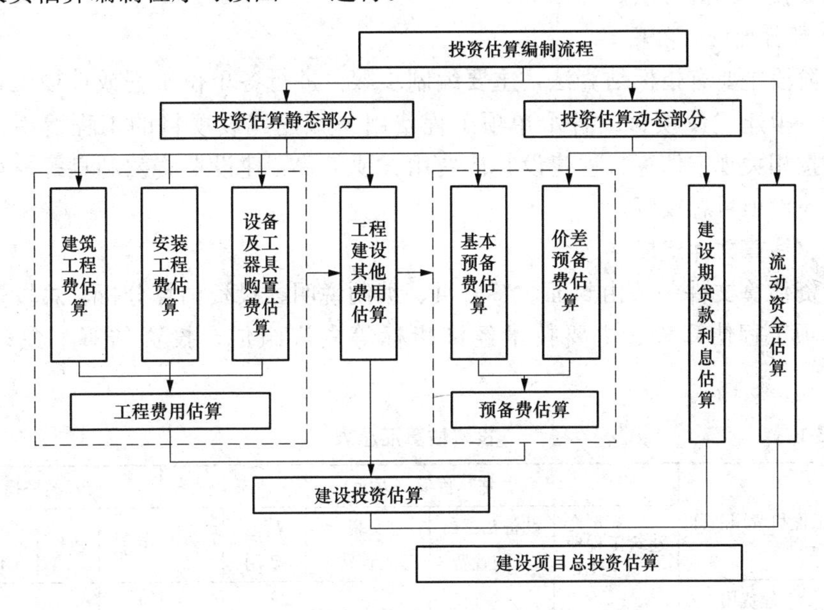

图 3-1　投资估算编制程序

三、编制方法

目前，建设投资估算的编制方法很多，因各有其适用范围和条件，且精确度也各不相同，故有的编制方法适用于整个项目的投资估算，有的仅适用于一个单项工程（装置）的投资估算。为提高投资估算的科学性和精确度，在实际工作中应根据项目的性质，占有的技术经济资料及数据的具体情况，依据行业规定，有针对性地选用适宜的投资估算方法。

1. 项目建议书阶段

生产能力指数法应用于设计深度不足，拟建建设项目与类似建设项目的规模不同，设计定型并系列化，行业内相关指数和系数等基础资料完备的情况。其相关公式如下：

$$C_2=C_1f(Q_2/Q_1)^x$$

系数估算法应用于设计深度不足，拟建建设项目与类似建设项目的主体工程费或主要生产工艺设备投资比重较大，行业内相关系数等基础资料完备的情况。其相关公式如下：

$$C=E(1+f_1P_1+f_2P_2+f_3P_3+\cdots)+I$$

比例估算法应用于设计深度不足，拟建建设项目与类似建设项目的主要生产工艺设备投资比重较大，行业内相关系数等基础资料完备的情况。其相关公式如下：

$$C=Q_iP_i/k$$

混合法采用生产能力指数法与比例估算法或系数估算法与比例估算法混合估算其相关投资额的方法。

2. 可行性研究阶段

本阶段主要有指标估算法，主要编制步骤：进行各单位工程或单项工程投资的估算→拟建建设项目的各个单项工程费用→拟建建设项目的工程费用投资估算→再按相关规定估算工程建设其他费用、预备费、建设期贷款利息等→最后形成拟建建设项目总投资。

四、估算文件组成

投资估算文件一般由封面、签署页、编制说明、投资估算分析、总投资估算表、单项工程估算表、主要技术经济指标等内容组成。投资估算汇总表见表3-1。

表 3-1　　投资估算汇总表

序号	工程和费用名称	估算价值（万元）					技术经济指标			
		建筑工程费	设备及工器具购置费	安装工程费	其他费用	合计	单位	数量	单位价值	%
一	工程费用									
（一）	主要生产系统									
1										
2										
（二）	辅助生产系统									
1										
2										
（三）	公用及福利设施									
1										
2										
（四）	外部工程									
1										
2										
	小计									
二	工程建设其他费用									
1										
2										
	小计									

续表

序号	工程和费用名称	估算价值（万元）					技术经济指标			
		建筑工程费	设备及工器具购置费	安装工程费	其他费用	合计	单位	数量	单位价值	%
三	预备费									
1	基本预备费									
2	价差预备费									
四	建设期贷款利息									
五	流动资金									
投资估算合计（万元）										
%										

经验之谈 3-1　项目建议书与可行性研究报告

项目建议书（又称立项申请书）是项目单位就新建、扩建事项向发改委项目管理部门申报的书面申请文件。是项目建设筹建单位或项目法人，根据国民经济的发展、国家和地方中长期规划、产业政策、生产力布局、国内外市场、所在地的内外部条件，提出的某一具体项目的建议文件，是对拟建项目提出的框架性的总体设想。项目建议书主要论证项目建设的必要性，建设方案和投资估算也比较粗，投资误差为±30%左右。

可行性研究报告是从事一种经济活动（投资）之前，双方要从经济、技术、生产、供销直到社会各种环境、法律等各种因素进行具体调查、研究、分析，确定有利和不利的因素、项目是否可行，估计成功率大小、经济效益和社会效果程度，为决策者和主管机关审批的上报文件。可行性研究分为初步可行性研究阶段、详细可行性研究阶段。

初步可行性研究阶段主要是在投资机会研究结论的基础上，弄清项目的投资规模，原材料来源，工艺技术、厂址、组织机构和建设进度等情况，进行经济效益评价，判断项目的可行性，作出初步投资评价。该阶段是介于项目建议书和详细可行性研究之间的中间阶段，误差率一般要求控制在20%左右。

详细可行性研究阶段也称为最终可行性研究阶段，主要是进行全面、详细、深入的技术经济分析论证阶段，要评价选择拟建项目的最佳投资方案，对项目的可行性提出结论性意见。该阶段研究内容详尽，投资估算的误差率应控制在10%以内。

第二节　设　计　概　算

〖重要程度〗　★★

〖应用领域〗　造价咨询、建设单位、设计单位

一、设计概算构成

设计概算是在初步设计或扩大初步设计阶段，由设计单位根据初步设计或者扩大初步设计的图纸及说明书、设备清单、概算定额或概算指标、各项费用取费标准等资料、类似工程预（决）算文件等资料，用科学的方法计算和确定建筑安装工程全部建设费用的经济文件。

设计概算可分为单位工程概算、单项工程综合概算和建设项目总概算三级。

建设项目总概算是确定整个建设项目从筹建到竣工验收所需全部费用文件，它是由各单项工程综合概算、工程建设其他费用概算、预备费、建设期贷款利息和投资方向调节税概算汇总编制而成的。以工业建设项目为例，包括：生产项目、附属生产及服务用工程项目、生活福利设施等项目的单项工程综合概算；建设单位管理费和生产人员培训费的单项费用概算；为施工服务的临时性生产和生活福利设施、特殊施工机械购置费用概算等。

单项工程综合概算是指在一个建设项目中，具有独立的设计文件，建成后可以独立发挥生产能力或工程效益的项目。单项工程是一个复杂的综合体，是具有独立存在意义的一个完整工程，由各单位工程概算汇总编制而成，是建设项目总概算的组成部分。其内容包括：各功能单元的综合概算，如输水工程、净水工程、管网建设工程。

单位工程概算是指具有独立的设计文件、能够独立组织施工过程，是单项工程的组成部分，其内容包括土建工程概算、给水排水、采暖工程概算，通风、空调工程概算包括机械设备及安装工程概算，电气设备及安装工程概算，热力设备及安装工程概算，工具、器具及生产家具购置费概算等。

其他工程和费用概算的内容包括：土地征购、坟墓迁移和清除障碍物等项费用。

概算的分类与构成如图 3-2 所示。

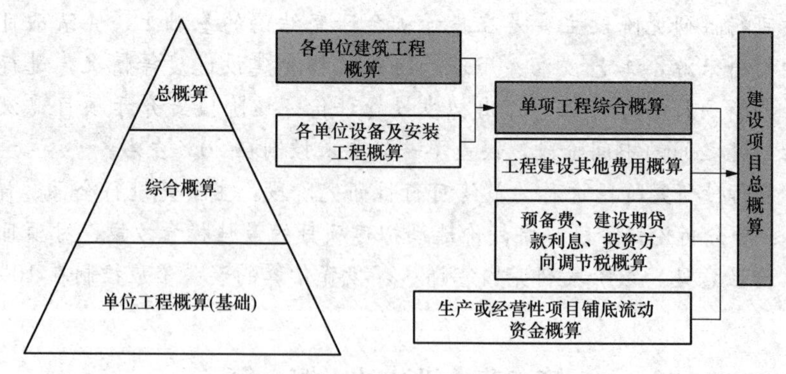

图 3-2　概算的分类与构成

二、设计概算编制程序

设计概算编制程序可按图 3-3 进行。

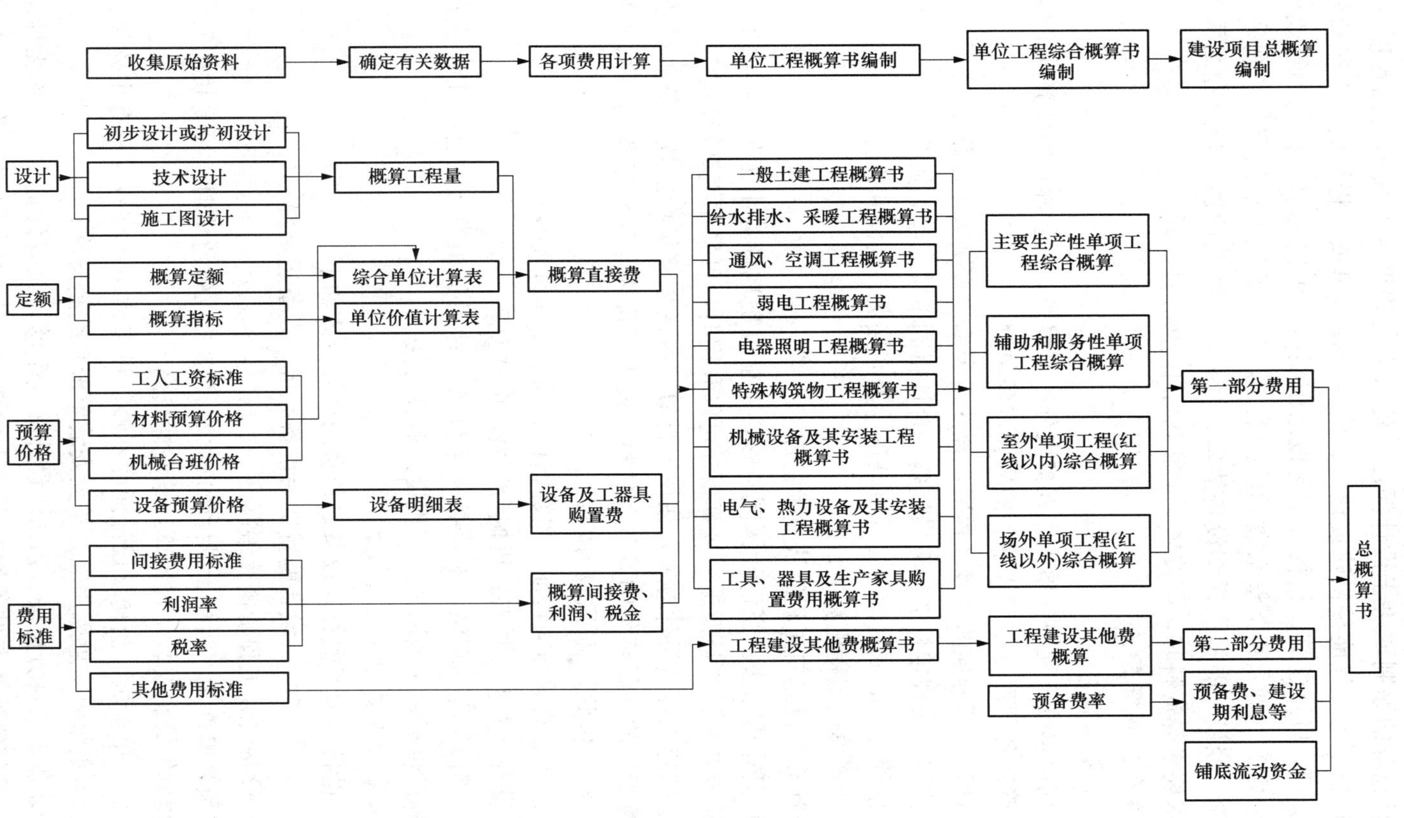

图 3-3　设计概算编制程序

三、编制方法

设计概算的编制取决于设计深度、资料完备程度和对概算精确程度的要求。当设计资料不足，只能提供建设地点、建设规模、单项工程组成、工艺流程和主要设备选型，以及建筑、结构方案等概略依据时，可以类似工程的预算或决算为基础，经分析、研究和调整系数后进行编制；如无类似工程的资料，则采用概算指标编制；当设计能提供详细设备清单、管道走向线路简图、建筑和结构型式及施工技术要求等资料时，则按概算定额和费用指标进行编制。

1. 单位工程概算

(1) 概算定额法。

1) 列出单位工程中分项工程或扩大分项工程的项目名称，并计算其工程量。

2) 确定各分部分项工程项目的概算定额单价。

3) 计算分部分项的直接工程费，合计得到单位直接工程费总和。

4) 按照有关规定标准计算措施费，合计得到单位工程直接费。

5) 按照一定的取费标准和计算基础计算间接费、利润和税金。

6) 计算单位工程概算造价。

7) 计算单位建筑工程经济技术指标。

(2) 概算指标法。当设计深度不够，不能准确地计算出工程量，而工程设计技术比较成熟而又有类似工程概算指标可以利用时，可采用概算指标法。

由于拟建工程（设计对象）往往与类似工程的概算指标的技术条件不尽相同，而且概算指标的编制年份的设备、材料、人工等价格与拟建工程当时当地的价格也不会一样，因此，必须进行调整。

1) 设计对象的结构特征与概算指标有局部差异时调整。

2) 设备、人工、材料、机械台班费用的调整。

(3) 类似工程预算法。利用技术条件与设计对象相类似的已完工程或在建工程的工程造价资料来编制拟建工程设计概算方法。

2. 设备及安装单位工程概算

(1) 设备购置费概算。设备购置费的计算公式如下：

设备购置费＝设备原价＋设备运杂费

(2) 设备安装工程费概算编制。

1) 预算单价法。当初步设计较深，有详细的设备清单时，可直接按安装工程预算定额单价编制安装工程概算，精确性较高。

2) 扩大单价法。当初步设计深度不够，设备清单不完备，只有主体设备或仅有成套设备重量时，可采用综合扩大安装单价来编制概算。

3) 设备价值百分比法。当初步设计深度不够，只有设备出厂价而无详细规格重量时，安装费可按占设备费的百分比计算。常用于价格波动不大的定型产品和通用设备产品。设备安装费的计算公式如下：

设备安装费＝设备原价×安装费率（%）

4）综合吨位指标法。设备安装费的计算公式如下：

设备安装费＝设备吨重×每吨设备安装费指标（元/t）

四、设计文件组成

1. 编制说明

列在综合概算表前面，其内容包括以下几个方面。

（1）工程概况（建设项目性质、特点、生产规模、建设周期、建设地点等）。

（2）编制依据。包括国家和有关部门的规定设计文件。

（3）编制方法。

（4）其他必要说明。

2. 综合概算表

应按照国家或部委所规定的统一格式进行编制，基本要求应包括综合概算表的项目组成、综合概算表的费用组成等，见表3-2。

表3-2　总概算表

项目名称									单位	
序号	工程或费用名称	概算投资					技术经济指标			备注
		建筑工程费	设备购置费	安装工程费	其他费用	合计	单位	数量	单价（元）	
一	工程费用									
（一）	单项工程1（1号楼）									
1	单位工程1（土建工程）									
2	单位工程2（装饰工程）									
3										
（二）	单项工程1（2号楼）									
1	单位工程1（土建工程）									
2	单位工程2（装饰工程）									
3										
二	工程建设其他费用									
1	土地费用									
2	建设单位管理费									
3	……									
三	预备费									
四	建设期贷款利息									
五	铺底流动资金									
六	专项费用									
七	建设项目概算总投资									

经验之谈 3-2　设计概算的重要性

工程造价的控制贯穿于项目的决策阶段、设计阶段、施工阶段和结算阶段的全过程。过去比较偏重建设的实施阶段，忽视设计阶段，往往把控制工程造价的主要精力放在施工阶段。实际上据有关资料分析，影响项目投资的可能性中，初步设计阶段占 80%。可见影响工程造价的关键之一在于设计阶段，设计上的不合理，设计概算的编制直接影响着工程造价。

要有效地控制建设项目投资，必须把工作重点转到建设前期阶段上来，当前尤其是要抓住设计这个关键阶段，尽可能把设计变更控制在设计阶段。加强设计方案的比较，严格按照设计阶段深度要求编制概算。改施工阶段的后期控制为前、后期全过程控制，前期为主；改建安工程施工图预算控制为初步设计概算控制，即以概算为主，预算为辅。做好回访工作，积累资料与总结经验，不断提高概算编制水平，也是遏制“三超”，防止“烂尾楼”现象产生的有效措施。

第三节　全过程造价管理规划

〖重要程度〗 ★★

〖应用领域〗 造价咨询、建设单位

一、造价管理规划

通过前面的学习，我们知道在不同施工阶段产生的造价文件也是不一样的，决策阶段投资估算、设计阶段设计概算、招标阶段招标控制价、竣工阶段竣工结算等。

在我国，经过批准的设计概算是控制工程建设投资的最高限额。建设单位根据设计概算编制投资计划，进行设备订货和委托施工。设计概算是设计单位评价设计方案的经济合理性的依据，是造价咨询单位进行造价管理以及造价控制成败的重要依据。

然而在实际造价管理工作中，设计概算属于造价类专业文件，一般人不容易看懂。设计概算是施工图设计阶段的产物，一般由设计院造价管理人员编制，并随着设计图纸一起参与设计投标。为了更好地控制造价成本，这就需要对设计概算进行分解，一般是按工程中签订合同数量来划分的，因此也称作“合约规划”。其工作原理是将目标成本（概算造价）按照“自上而下、逐级分解”的方式分解为合同大类，进而指导从招标投标到最终工程结算整个过程的合同签订及变更的一种管控手段。“合约规划”将成本控制任务具体转化为对合同的严格管控，实现了对“项目动态成本”的有效管控。

工程中所有重大经济活动都是以合同作为载体，因此，很多房地产企业开始引入合约规划管理，作为造价控制与合同管理之间的桥梁。

二、合约规划作用

合约规划三大作用：指导采购招标、前置成本控制、保障权责落地。

1. 项目预算范围内指导采购招标和合同签订

在项目总体预算已经明确的情况下，到底项目开发过程需要签订多少合同、有多少需要采购招标？如果没有清晰的规划，会导致项目实施无序且难以决策。我们引入合约规划管理，可以在项目预算范围内，基于成本估算、成本测算、专业造价咨询机构或历史成本数据沉淀，提前规划项目需要签订的合同，明确合约关系与承包范围，便于采购招标与合同签订工作能够更有序地开展。

2. 合约规划明确合同金额，有效前置成本控制

项目成本按科目管控体系下，如果某科目下需要签订 3 份合同，有可能前面 2 份合同签订的金额已超出预计金额，但因为没有超出科目成本总额，在第 3 份合同签订时才发现超额的情况，而这时进行成本管控为时已晚。所以我们在项目预算范围内，通过合约规划明确单个合同预计要签订的金额，在每份合同签订时进行成本金额的对比和管控，实现成本有效控制前置。

3. 合约规划明确项目合同范围，保障权责落地

一般情况下，合同签订有相应的审批权限，特别是跨区域发展的房地产企业。譬如某企业规定 300 万元以上的合同需要招标并经集团审批，但部分城市公司可能会将原本 400 万元的 1 个合同肢解为 2 个合同，化整为零，规避招标和集团审批，这样便导致集团既定的权责流程失效。而通过合约规划管理，明确项目的合同承包范围、数量和金额，可规避权责漏洞，避免成本失控。

合约规划作用如图 3-4 所示。

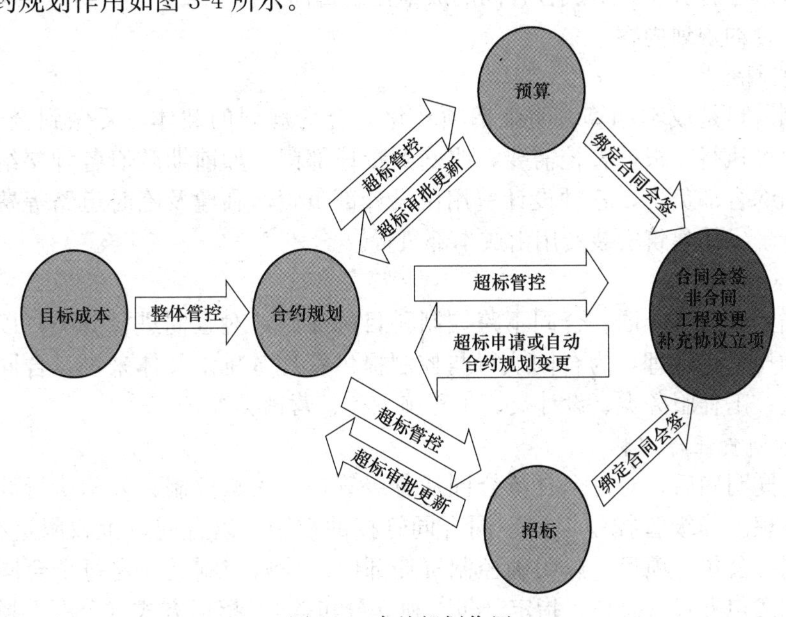

图 3-4　合约规划作用

三、合约规划编制

合约规划是指将目标成本按照“自上而下、逐级分解”的方式分解为合同大类，进而指导从招标投标到最终工程结算整个过程的合同签订及变更的一种管控手段。“合约规划”将成本控制任务具体转化为对合同的严格管控，实现了对“项目动态成本”的有效管控。

合约规划不是成本部一个部门的事情，需要所有业务部门的全员参与，需由项目经理牵头，组织成本、采购、工程等各相关业务部门的人员共同参与。比如，在合约体系上，采购部门需事先规划合同要分多少类、分多少个合同、每个合同的范围、采购方式、商务条件等；标段划分上，由工程部规划样板区和非样板区以及场地安排、每类合同的发包范围和预计进场时间等；然后由成本部将目标成本中相对应的费项归集到对应的合同中，确定出该项合同在采购时控制的目标成本。

开展合约规划管理，首先应编制合约规划，具体编制步骤有以下4个。

（1）工作分解。对常规房地产工程项目工作范围内和项目开发周期内的工程工作按照WBS方式进行分解，形成常规状态下可独立成为合同的合同基准单元。

（2）确定合约管理模式。根据企业的发展规模、内部管理能力和自身优势，确定企业基本的项目合约管理模式，如大总包管理、平行分包管理等。

（3）合同分类组合。按照合同基准单元，根据产品形态和相关因素组合转化为该产品形态下标准化的合同分类，形成标准合同分类清单，明确合同范围。

（4）与成本科目对应并分解目标成本。将合同清单与成本科目对应，并将目标成本分解至各合同，形成各合同的成本控制目标。

四、合约规划内容

1. 控制科目

控制科目是成本测算、明细费项转化为合约规划的载体，要做到全部覆盖，不漏项、可执行。根据管控需要，明确到责任部门，如前期政府各种交纳费用由项目公司综合部负责，各种设计费用由设计部负责，临建及临时道路等费用由工程部负责，主体建筑安装费用由成本部负责。

2. 合同分类

遵循无合约不合同、合同不跨控制科目的原则，对合同进行分类，以便于后续合同的规范化管理，为合同执行与控制提供管理基础。具体来说，合同可分为以下几类：工程服务类、设计类、工程施工类、营销类等。

3. 合同责任与控制

在合同明确后，对每个具体合同从分级管控、采购控制、采购执行等三个方面进行管理。分级管控是根据不同合同管控的权限，以合同审批权限进行界定，分为集团、公司、项目，以明确控制责任部门；采购控制是确定每个合同的执行方式，如发包方式（总包、指定分包、独立分包等）、招标方式（公开、邀请、议标、委托、战略等）、计价方式（总价、单价、其他）、材料供应方式（甲供、甲指乙供、甲限乙供、乙供等）；采购执行是确定合同的预计进场时间、开始时间及结束时间等。

这里强调的是，我们在做合约规划时，肯定有部分费用不明确，因此引入规划余量的概念，来标明暂时不能明确的费项，并作为费项的“蓄水池”，随着实际签订合同的变化而变化。规划余量的总额反映了目标成本控制的松紧度。针对规划余量设定每一个费项的预警、强控范围，便可作为后续项目成本控制的基础。

合约规划科目设置见表 3-3。

表 3-3　　　　合约规划科目

序号/科目编码	科目名称	目标成本（万元）	动态成本（万元）	已签约目标成本（万元）	合同签约金额（含预估变更）（万元）	签证与设计变更金额（万元）	合同结算金额（万元）	超支/结余（万元）	备注
一	土地款								
二	开发前期费								
02.01	勘察费								
02.01.01	勘察费								
02.01.02	超前钻								
02.01.99	其他勘察费								
02.02	设计费								
02.02.01	概念、规划设计								
02.02.02	方案及施工图设计								
02.02.03	室内设计								
02.02.04	园林绿化工程设计								
02.02.05	施工图审查								
02.02.99	其他设计费								
02.03	委托费用								
02.03.01	顾问咨询费								
02.03.02	试验费用								
02.03.03	环评费								
02.03.04	招标代理费								
02.03.05	其他委托费								
02.04	临时设施费								
02.04.01	管线迁移								
02.04.02	临时设施								

续表

序号/科目编码	科目名称	目标成本（万元）	动态成本（万元）	已签约目标成本（万元）	合同签约金额（含预估变更）（万元）	签证与设计变更金额（万元）	合同结算金额（万元）	超支/结余（万元）	备注
02.04.03	临时用电								
02.04.04	临时用水								
02.04.99	其他临时设施费								
02.05	三通一平								
02.05.01	红线外配套费								
02.05.02	场地平整								
02.05.99	其他								
三	建筑安装工程费								
03.01	土建部分工程费								
03.01.01	基础工程								
03.01.01.01	大型土石方工程								
03.01.01.02	桩基础工程								
03.01.01.99	基坑支护工程								
03.01.02	土建主体工程								
03.01.02.01	土建结构工程								
03.01.02.02	外墙装饰工程								
03.01.02.03	门窗工程								
03.01.02.04	栏杆工程								
03.01.02.05	防火门窗工程								
03.01.02.99	其他零星土建工程								
03.01.03	幕墙工程								
03.01.99	装修工程								
03.01.99.01	精装修交楼工程								
03.01.99.02	售楼部装修工程								
03.01.99.03	样板房装饰工程								
03.01.99.04	公共区域装饰工程								
03.01.99.05	写字楼装饰工程								
03.01.99.06	商业装修工程								
03.01.99.07	会所类装修工程								
03.01.99.99	其他装修工程								
03.02	安装工程费								
03.02.01	水电安装工程								

续表

序号/科目编码	科目名称	目标成本（万元）	动态成本（万元）	已签约目标成本（万元）	合同签约金额（含预估变更）（万元）	签证与设计变更金额（万元）	合同结算金额（万元）	超支/结余（万元）	备注
03.02.02	甲供供水设备								
03.02.03	消防工程								
03.02.04	电梯工程								
03.02.05	空调工程								
03.02.06	人防设备及安装								
03.02.07	发电机及环保工程								
03.02.08	风机								
03.02.09	供暖设备								
03.02.10	泳池设备								
03.02.11	泛光工程								
03.02.99	其他专业安装工程								
03.03	工程检测费								
03.04	工程监理费								
03.99	其他建筑安装工程费								
四	红线内配套费								
04.01	永水工程								
04.02	永电工程								
04.03	智能化工程								
04.05	煤气工程								
04.06	市政工程								
04.07	园林绿化工程								
04.10	标识系统工程								
04.99	其他红线内配套工程								
五	政府收费								
六	物业维修基金								
七	公建配套费用								
八	不可预见费								
	直接投资合计								
九	营销费用								
十	管理费用								
十一	财务费用								
十二	开发间接费用								
	合　计								

五、合约规划实施

合约规划编制完成后，可基于合约规划进行成本控制，主要通过以下两个方式实现。

第一，通过合约规划控制定标金额和签约金额。基于目标成本分解的每个合同的目标成本，应作为招标定标时该合同的控制价，控制严格的企业，超出目标控制价的标将作为废标，控制宽松的企业，超出目标控制价的投标价要特别提示，如果定标金额超出控制价，则走特殊审批渠道。

第二，通过合约规划控制动态成本。合同签约、变更签证发生时将合同与合约规划、动态成本进行关联，实现动态成本的准确控制，关联的方式有以下情况。

（1）通过将未签约的合约规划目标成本作为动态成本的待发生成本一部分。

（2）合同签约后，将合约规划目标成本剩余的金额，一部分作为未签约的金额计入规划余量，一部分作为合同的预计变更签证预留给合同使用，剩余部分可视为节省金额，导致动态成本降低。

将合约规划与动态成本关联是合约规划较为高阶的应用，受制于目标成本的准确性、合约规划的规范性和成本人员的专业度、责任心，合约规划的编制并控制招标采购等业务娴熟后可考虑运用合约规划控制动态成本。

招标阶段造价管理

本章导读

实行工程建设项目的招标投标制度是我国建筑市场走向规范、完善的重要措施之一，同时招标投标阶段产生的中标价是签订合同价的基础，因此招标投标阶段的工作对造价的影响很大，应予以充分重视。作为造价管理人员需要掌握一定的招标投标知识，明白造价工作在本阶段的任务、投标报价对中标的影响、合同对造价管理的意义等。本章主要对工程招标投标的基本程序、投标报价、合同签订与管理进行介绍。

第一节 招 标 管 理

〖重要程度〗 ★★

〖应用领域〗 招标代理、建设单位、政府部门

一、招标基础知识

1. 招标范围

《招标投标法》规定，在中华人民共和国境内，下列工程建设项目包括项目的勘察、设计、施工、监理以及工程建设有关的重要设备、材料等的采购，必须进行招标。

（1）大型基础设施、公用事业等社会公共利益、公共安全的项目。

（2）全部或部分使用国家资金投资或国家融资的项目。

（3）使用国际组织或外国政府贷款、援助资金的项目。

2. 招标规模

《招标投标法》明确规定任何单位和个人不得将依法进行招标的项目化整为零或以其他任何方式规避招标。招标的具体规模标准如下。

（1）单项合同估算价在 200 万元人民币以上的。

（2）重要设备、材料等货物的采购，单项合同估算价在 100 万元人民币以上的。

（3）勘察、设计、监理等服务的采购，单项合同估算价在 50 万元人民币以

上的。

(4) 单项合同估算价低于第(1)、(2)、(3)项规定的标准，但项目总投资额在3000万元人民币以上的。

3. 招标分类

招标在实践中有多种分类方法：按照市场竞争的开放程度，分为公开招标与邀请招标；按照市场竞争开放的地域范围，可以分为国内招标和国际招标；按照招标组织实施方式，可以分为集中招标和分散招标；按照招标组织形式，分为自行招标和委托招标；按照交易信息的载体形式，可以分为纸质招标和电子招标；按照招标项目需求形成的方式，可以分为一阶段招标和两阶段招标。

公开招标属于无限制性竞争招标，是招标人通过依法指定的媒介发布招标公告的方式邀请所有不特定的潜在投标人参加投标，并按照法律规定程序和招标文件规定的评标标准和方法确定中标人的一种竞争交易方式。

邀请招标属于有限竞争性招标，也称选择性招标。招标人以投标邀请书的方式直接邀请特定的潜在投标人参加投标，并按照法律程序和招标文件规定的评标标准和方法确定中标人的一种竞争交易方式。

4. 招标当事人

招标人是依照本法规定提出招标项目、进行招标的法人或者其他组织。招标人可以分为两类：一是法人，二是其他组织。自然人不属于招标人范畴。法人或者其他组织必须依照《招标投标法》的有关规定提出招标项目和进行招标两个条件后，才能成为招标人。

投标人是指响应招标、参加投标竞争的法人或者其他组织。依法必须进行招标的科研项目允许个人参加投标的，投标的个人适用《招标投标法》有关投标人的规定。法人、其他组织和个人必须具备响应招标和参与投标竞争两个条件后，才能成为投标人。

招标代理机构是依法设立、从事招标代理业务并提供相关服务的社会中介组织。招标代理机构在其资格许可和招标人委托的范围内开展招标代理业务，并应当遵守招标投标法及其实施条例关于招标人的规定。招标人与招标代理机构应当协商签订委托招标代理书面合同，明确委托招标代理服务的专业内容范围、权限、义务、费用和责任。招标代理服务的业务范围可以包括以下全部或部分工作内容。

(1) 策划和制订招标方案或协助办理相关核准手续，包括编制发售资格预审公告和资格预审文件、协助招标人组织资格评审，编制发售招标文件。

(2) 组织潜在投标人踏勘现场和答疑、澄清文件、组织开标。

(3) 配合招标人组建评标委员会、协助评标委员会完成评标与评标报告、协助评标委员会推荐中标候选人并办理中标候选人公示。

(4) 协助招标人定标、发出中标通知书并办理中标结果公告、协助招标人签订中标合同。

（5）协助招标人向招标投标监督部门办理有关招标投标情况报告。

二、招标文件的组成

招标文件按照功能作用可以分成以下三部分。

（1）招标公告或投标邀请书、投标人须知、评标办法、投标文件格式等。主要阐述招标项目需求概况和招标投标活动规则，对参与项目招标投标活动各方均有约束力，但一般不构成合同文件。

（2）工程量清单、设计图纸、技术标准和要求、合同条款等。全面描述招标项目需求，既是招标投标活动的主要依据，也是合同文件构成的重要内容，对招标人和中标人具有约束力。

（3）参考资料。供投标人了解分析与招标项目相关的参考信息，如项目地址、水文、地质、气象、交通等参考资料。

三、招标基本流程

建设工程施工招标投标程序如图 4-1 所示。

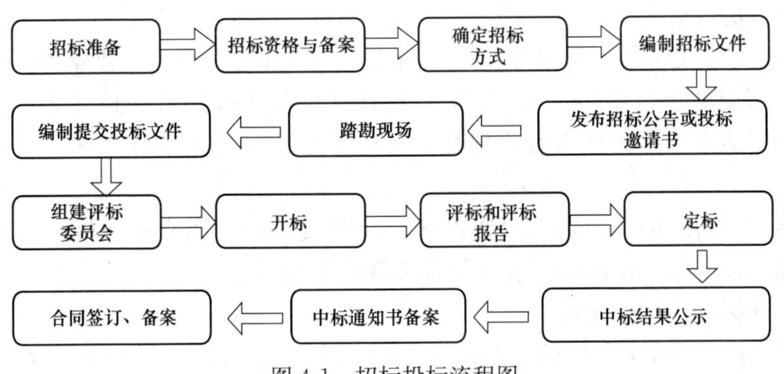

图 4-1　招标投标流程图

（1）招标准备。按照国家有关规定需要履行项目审批、核准手续的依法必须进行招标的项目，其招标范围、招标方式、招标组织形式应当报项目审批、核准部门审批、核准。项目审批、核准部门应当及时将审批、核准确定的招标范围、招标方式、招标组织形式通报有关行政监督部门。

（2）建设工程项目报建。建设工程在项目的立项批准文件或年度投资计划下达后，须向建设行政主管部门报建备案。提出招标申请，自行招标或委托招标报主管部门备案。

（3）编制并发布招标公告。在《中国建设报》《中国日报》《中国经济导报》、中国采购与招标网等依法必须招标的公告媒介上刊登招标公告或发出投标邀请书。

招标人应向三家以上具备承担施工招标项目能力、资信良好的特定法人或其他组织发出投标邀请书。

（4）资格审查。

1）资格预审：对潜在投标人，资格预审不合格者不得参加投标。

2）资格后审：开标后对投标人进行的资格审查，后审不合格的投标视作废标处理。

进行资格预审的一般不再进行资格后审。

（5）编制、发售招标文件。招标单位对招标文件如有修改或补充，须在投标截止时间前15日之前，以书面形式通知所有投标单位，并作为招标文件的组成部分。如投标单位对招标文件有疑问或不清的问题需要澄清解释，应在收到招标文件后7日内以书面形式向招标单位提出，招标单位以书面形式或投标预备会予以解答。

招标文件开始发出之日至投标截止日期最短不得少于20日。

（6）勘察现场。在投标预备会的前1～2天，招标单位组织所有投标单位踏勘现场，如有疑问应在投标预备会前以书面形式向招标单位提出。

投标预备会：如以投标答疑会形式进行解答，要以会议纪要形式同时送达所有招标文件的收受人。

开标之前，招标单位不得与任何投标单位代表单独接触并个别解答任何问题。

（7）递交投标文件。投标单位应在投标文件截止时间前密封（寄）送达招标文件规定的地点，由招标人签收保存，不得开启。若投标单位少于3家，须重新招标。

投标截止时间前，投标人可以补充、修改或撤回已提交的投标文件，并书面通知招标人，补充、修改的内容为投标文件的组成部分。

（8）开标、评标、定标。

1）开标。开标应在招标文件规定的时间地点进行，由开标主持人宣布开标人、唱标人、记录人和监督人员。

主持人宣布招标文件规定的递交投标文件的截止时间和各投标单位实际送达时间。在截标时间后送达的投标文件应当场废标。招标人和投标人的代表共同（或公证机关）检查各投标书密封情况。密封不符合招标文件要求的投标文件应当场废标，不得进入评标，并通知招标办监管人员到场见证。唱标人依唱标顺序依次开标并唱标，唱标内容一般包括投标报价、工期和质量标准、质量奖项等方面的承诺、替代方案报价、投标保证金、主要人员等，在递交投标文件截止时间前收到的投标人对投标文件的补充、修改同时宣布，在递交投标文件截止时间前收到投标人撤回其投标的书面通知的投标文件不再唱标，但须在开标会上说明。招标人设有标底的，标底必须公布，由唱标人公布标底。

2）评标。评标由评标委员会负责。评标委员会应当按照招标文件确定的评标标准和方法，对投标文件进行评审和比较；设有标底的，应当参考标底。评标委员会完成评标后，应当向招标人提出书面评标报告，并推荐合格的中标候选人。

3）中标。招标人根据评标委员会提出的书面评标报告和推荐的中标候选人确定中标人。招标人也可以授权评标委员会直接确定中标人。中标人确定后，招标人应向其发出书面中标通知书，并同时通知所有未中标投标人中标结果。

四、招标中的造价文件

1. 工程量清单

工程量清单是指载明建设工程的分部分项工程项目、措施项目、其他项目的名称和相应数量，以及规费、税金项目等内容的明细清单。招标工程量清单是指招标人依据相关规范标准、招标文件、设计文件以及施工现场实际情况编制的，随招标文件发布供投标报价的工程量清单及其说明和表格。招标工程量清单应与招标项目的内容范围完全一致，一般以单位工程为独立单元进行编制。招标工程量清单必须作为招标文件的组成部分，其准确性和完整性由招标人负责。招标工程量清单是工程量清单计价的基础，应作为编制最高投标限价（招标控制价）、投标报价、计算或调整工程量、索赔等的依据之一。

2. 最高投标限价

最高投标限价也称招标控制价或拦标价，是招标人根据招标项目的内容范围，需求目标、设计图纸、技术标准、招标工程量清单等，结合有关规定、规范标准、投资计划、工程定额、造价信息、市场价格以及合理可行的技术经济实施方案，通过科学测算并在招标文件中公开的招标人可以接受的最高投标价格或最高投标价格的计算方法。

3. 标底

标底是招标人能够接受的项目投资预测和市场预期价格，应当按照招标文件规定的招标内容范围、技术标准、招标清单、设计文件以及项目实施方案，结合有关计价规定和市场要素价格水平进行科学测算。标底在工程招标项目中使用较多，货物招标或服务招标中使用较少。

第二节　投　标　报　价

〖重要程度〗　★★

〖应用领域〗　造价咨询、建设单位、政府部门

一、投标准备

投标是与招标相对应的概念，是指投标人应招标人的邀请，按照招标文件的要求提交投标文件参与投标竞争的行为。

从投标人获取招标信息、研究招标文件、调研市场环境至组建投标机构这一阶段称为投标准备阶段。投标准备是投标人参加投标竞争重要阶段，如投标准备不充分，则难以取得预期的投标效果。因此，投标人应充分重视投标准备阶段的相关工作。

投标人获取招标文件之后，应当仔细阅读招标文件，结合招标文件的要求，全面分析自身资格能力条件、招标项目的需求特征和市场竞争格局，准确作出评价和判断，决定是否参与投标，以及如何组织投标、采用何种投标策略。

二、投标文件组成

投标文件一般包括资格证明文件、商务文件和技术文件三部分。价格文件和已标价工程量清单除招标文件要求单独装订外，一般列入商务文件。

工程施工项目投标文件一般包括下列内容。

(1) 投标函及投标函附录。

(2) 法定代表人身份证明或附有法定代表人身份证明的授权委托书。

(3) 联合体协议书（如有）。

(4) 投标保证金。

(5) 已标价工程量清单。

(6) 施工组织设计。

(7) 项目管理机构。

(8) 拟分包项目情况表。

(9) 资格审查资料（资格后审项目）。

(10) 招标文件规定的其他材料。

三、投标报价

投标报价是投标人经过测算并向招标人递交的承揽实施招标项目的费用报价，一般由总价和分项报价组成，分项报价之和应等于总价。投标报价是投标工作的核心。报价过高会失去中标机会，报价过低则会给投标人带来亏本风险。在投标活动中，如何确定合适的投标报价，是投标人需要重点分析决策的核心问题。

招标文件一般规定投标人应按招标工程量清单填报价格。项目编码、项目名称、项目特征、计量单位、工程量必须与招标工程量清单一致，同时规定招标工程量清单与计价表中列明的所有需要填写的单价和合价的项目，投标人均应填写且只允许有一个报价。未填写单价和合价的项目，视为或通过投标澄清说明此项费用包含在已标价工程量清单中其他项目的单价和合价之中。

四、投标报价技巧

投标人能否中标，不仅取决于自身的经济和技术水平，也取决于竞争策略和投标技巧的运用。投标人应当在不违反法律法规和招标文件规定的前提下，适当应用一些有利于自己的投标报价策略和投标技巧，以便在竞争中获得主动地位。常用的报价技巧与方法有不平衡报价法、多方案报价法、突然降价法、先亏后盈法、争取评标奖励加分、展现投标单位的良好形象等。

1. 不平衡报价法

不平衡报价法是指一个工程的总报价确定后，如何调整内部各个子目的报价，在不提高总价也不影响中标，又能在结算时取得理想的经济效益的情况下采用的方法。

一般在以下几个方面考虑采用不平衡报价法。

（1）能够早日拿到进度款的子目报价可以较高（如土方、地下工程），以利于资金周转，后期工程子目可适当降低。

（2）经过工程量核算，预计今后工程量会增加的子目，单价可适当提高，在最终结算时可增加利润；预计工程量会减少的子目单价可适当降低，这样工程结算时可减少损失。

2. 多方案报价法

有些招标文件中规定，可以提建议方案。在招标文件中，如果发现工程范围不明确，条款不清楚或不公正，或技术规范要求过于苛刻时，在充分估计风险的基础上，可按原招标文件报一个价。然后投标者组织有经验的设计、施工和造价人员，对原招标文件的设计和工艺方案仔细研究，提出变更某些条件时，报出一个或者几个比原方案更优惠的报价方案，以吸引业主，提高中标率。

3. 突然降价法

报价是一件保密的工作，但是对手往往通过各种手段来刺探情报，因此可以采用迷惑对手的方法，即先按一般情况报价或表现出我们对该工程兴趣不大，并故意把消息透露出去，到快要投标截止时，再突然降价。采用这种方法时，要在事前考虑好降价的幅度，再根据掌握的对手情况进行分析，做出决策。

4. 先亏后盈法

在对某地区进行战略布局时，可以依靠自身的雄厚资金实力和良好的市场信誉，采取低于成本价的报价方案投标，先占领市场再图谋今后的发展。但提出的报价方案必须获得业主认可，同时要加强对企业情况的宣传，否则即使报价低，也不一定能够中标。

5. 争取评标奖励加分

有些招标文件规定，投标人承诺的某些指标高于规定的指标时（如工期、质量等级），给予适当的评标奖励加分。投标人应利用自身优势来考虑这个因素，争取评标奖励加分，这样有利于在竞争中取胜。

6. 展现投标单位的良好形象

在投标活动中，施工企业要提升公关能力，适当宣传企业的核心价值观、企业理念、企业优势、同类工程业绩和核心竞争力等，在业主心中留下对企业的良好印象。

总之，施工企业在投标报价的过程中，首先应根据工程的具体情况确定一个最优的施工方案，然后在成本、风险、利润、中标机会、竞争对手、公关能力等各种因素中进行综合分析，运用多种报价策略和技巧，确定一个最佳报价。一个不会运用投标策略和技巧的投标者，在投标竞争中是很难成功的。在目前市场竞争激烈的情况下，施工企业应当重视对投标报价策略和技巧的研究。

经验之谈 4-1　围标

围标又称为串通招标投标，它是指几个投标人之间相互约定，一致抬高或压低投标报价进行投标，通过限制竞争，排挤其他投标人，使某个利益相关者中标，从而谋取利益的手段和行为。围标行为的发起者称为围标人，参与围标行为的投标人称为陪标人。围标是不成熟的建筑招标投标市场发展到一定阶段所产生的。围标成员达成攻守同谋，通常在整个围标过程中陪标人严格遵守双方合作协议要求以保证围标人能顺利中标，并对整个围标活动全过程保密。围标属于垄断或合谋定价行为，违反公平竞争法。

围标特点：

一是一家投标单位为增大中标概率，邀请其他企业“陪标”以增大自己的中标概率，邀请的“陪标”单位越多，中标概率越大。

二是几家投标单位互相联合，形成较为稳定的“窜标同盟”，轮流坐庄，以达到排挤其他投标人，控制中标价格和中标结果的目的，然后按照事先约定分利。在采购活动中往往是代理商们或轮流中标，或由一家公司中标后大家分包。

三是个别项目经理和社会闲散人员同时挂靠若干家投标单位投标，表面上是几家单位在参加投标，实际上是一人在背后操纵。

经验之谈 4-2　串标

串标（string），是指投标单位之间或投标单位与招标单位相互串通骗取中标，是一种投机行为，其根源是工程建设领域乃至整个社会的诚信缺失。

1. 投标者之间串标

投标人之间相互约定抬高或压低投标报价；投标人之间相互约定，在招标项目中分别以高、中、低价位报价；投标人之间先进行内部“竞价”，内定中标人，然后再参加投标；某一投标人给予其他投标人以适当的经济补偿后，这些投标人的投标均由其组织，不论谁中标，均由其承包。

2. 投标者与招标者串标

招标人在开标前开启投标文件，并将投标情况告知其他投标人，或者协助投标人撤换投标文件，更改报价；招标人向投标人泄露标底；招标人商定，投标时压低或抬高标价，中标后再给投标人或招标者额外补偿；招标人预先内定中标人；招标者为某一特定的投标者量身定做招标文件，排斥其他投标者。

围标与串标都是违法行为，一旦出现应立即向有关部门举报，围标和串标单位将承担法律后果。

第三节　开标、评标、定标

〖重要程度〗　★★

〖应用领域〗　招标代理、建设单位、政府部门

一、开标

开标是招标投标活动中的一项重要程序。招标人应当在投标截止时间的同一时间和招标文件规定的开标地点组织公开开标，公布投标人名称、投标报价以及招标文件规定的其他唱标内容，并将相关情况记录在案，使招标投标当事人了解、确认并监督各投标文件的关键信息。

开标由招标人主持，也可以由招标人委托的招标代理机构主持。开标应按照招标文件规定的程序进行，一般开标程序如下：宣布开标纪律及有关人员姓名→确认投标人代表身份→公布在投标截止时间前接收投标文件的情况→检查投标文件的密封情况→宣布投标文件开标顺序→公布标底（如有）→唱标→确认开标记录→开标结束。

招标人可以自行决定是否编制标底，招标项目可以不设标底，进行无标底招标。《招标投标法实施条例》规定，招标项目设有标底的，招标人应当在开标时公布标底。

二、评标

1. 评标委员会

评标由招标人依法组建的评标委员会负责，评标委员会应当按照招标文件规定的评标标准和方法对投标文件进行评审。

招标人应根据招标项目的特点组建评标委员会。依法必须进行招标的项目，应当按照相关法律规定组建评标委员会。依法必须进行招标的项目，评标委员会由招标人代表及技术、经济专家组成，成员人数为5人以上单数，其中技术和经济方面的专家不得少于2/3。例如，组建7人的评标委员会时，招标人代表不得超过2人，技术、经济专家不得少于5人。依法必须进行招标的项目，其评标委员会的专家成员应当从评标专家库内相关专业的专家名单中以随机抽取方式确定。

2. 评标方法

常用的评标方法分为经评审的最低投标价法和综合评估法两类。

经评审的最低投标价法是以价格为主导考量因素，对投标文件进行评价的一种评标方法。采用经评审的最低投标价法评标的，中标人的投标应当能够满足招标文件的实质性要求，并且经评审的投标报价最低，但是投标报价低于成本价的除外。采用经评审的最低投标价法评标，对于实质上响应招标文件要求的投标进行比较时只需考虑与投标报价直接相关的量化折价因素，而不再考虑技术、商务等与投标报价不直接相关的其他因素。

综合评估法是以价格、商务和技术等方面为考量因素，对投标文件进行综合评价的一种评标方法。采用综合评估法评标的，中标人的投标文件应当能够最大限度地满足招标文件中规定的各项综合评价标准。

3. 评标程序

评标程序是指评标的过程和具体步骤，包括初步评审、详细评审、澄清、推荐中标候选人、编写评标报告等。

工程施工招标项目初步评审分为形式评审、资格评审和响应性评审。采用经评审的最低投标价法时，初步评审的内容还包括对施工组织设计和项目管理机构的评审。形式评审、资格评审和响应性评审分别是对投标文件的外在形式、投标资格、投标文件是否响应招标文件实质性要求进行评审。工程施工招标项目初步评审过程中，任何一项评审不合格的应做否决投标处理。

详细评审是评标委员会按照招标文件规定的评标方法、因素和标准，对通过初步评审的投标文件做进一步的评审。

采用经评审的最低投标价法，评标委员会应当根据招标文件中规定的评标价格计算因素和方法，对投标文件的价格要素做必要的调整，计算所有投标人的评标价，以便使所有投标文件的价格要素按统一的口径进行比较。招标文件中没有明确规定的因素不得计入评标价。

4. 澄清与说明

投标文件的澄清和说明，是指评标委员会在评审投标文件过程中，遇到投标文件中有含义不明确的内容、对同类问题表述不一致或者有明显文字和计算错误时，要求投标人作出的书面澄清和说明。投标人不得主动提出澄清和说明，也不得借提交澄清、说明的机会改变投标文件的实质性内容。评审时，投标人主动提出的澄清和说明文件，评标委员会不予接受。

投标人在评标中根据评标委员会要求提供的澄清文件，对投标人具有约束力。如果中标，对合同执行有影响的澄清文件应当作为合同文件的组成部分，并作为中标通知书的附件发给该中标人。

5. 评标报告与中标候选人

评标报告是评标委员会评标的工作成果。评标委员会完成评标后，应当向招标人提出书面评标报告，并根据招标文件的规定推荐中标候选人，或根据招标人的授权直接确定中标人。

评标报告由评标委员会全体成员签字。对评标结论持有异议的评标委员会成员可以书面形式阐述其不同意见和理由。评标委员会成员拒绝在评标报告上签字又不陈述其不同意见和理由的，视为同意评标结果。评标委员会应当对此作出书面说明并记录在案。评标过程中使用的文件、表格以及其他资料应当及时归还招标人。评标委员会决定否决所有投标的，应在评标报告中详细说明理由。

工程建设项目评标完成后，评标委员会应当向招标人提交书面评标报告和中标候选人名单。中标候选人应当不超过3个并标明排序。如采用综合评估法，中标候选人的排列顺序应是，最大限度符合要求的投标人排名第一，次之的排名第二，以此类推。如采用经评审的最低投标价法，中标候选人的排列顺序应是，满足招标文件实质性要求，且投标价格不低于成本的前提下，按照经评审的价格从低至高排序列出前3名。

三、定标

招标人应在评标委员会推荐的中标候选人中确定中标人。中标人的投标应当符合下列条件之一。

（1）能够最大限度地满足招标文件中规定的各项综合评价标准。

（2）能够满足招标文件的实质性要求，并且经评审的投标价格最低，但投标价格低于成本的除外。

在发出中标通知书前，如果中标候选人的经营、财务状况发生较大变化或者存在违法行为，招标人认为可能影响其履约能力的，应当请原评标委员会按照招标文件规定的标准和方法审查确认。

中标人确定后，招标人应当向中标人发出中标通知书，并同时将中标结果通知所有未中标的投标人。中标通知书需要载明签订合同的时间和地点。需要对合同细节进行谈判的，中标通知书上需要载明合同谈判的有关安排。中标通知书发出后，对招标人和中标人具有法律约束力，如果招标人改变中标结果的，或者中标人放弃中标项目的，应当依法承担法律责任。

确定中标人一般在评标结果公示期满，没有投标人或其他利害关系人提出异议和投诉，或异议和投诉已经妥善处理、双方再无争议时进行。招标人不得与投标人就投标价格、投标方案等实质性内容进行谈判。

四、招标失败的处理

招标失败的原因很多，主要有以下几种情况。

（1）投标人不足三家，不构成招标必要条件，需要重新招标。

（2）投标人数量超过三家，但符合要求或实质性响应招标要求投标人少于三家，且不构成竞争，招标项目流标。

（3）投标价格均超出项目预算或者招标项目设定的拦标价，招标项目流标。

（4）采购项目发生重大变化或者取消，导致招标项目撤销。

（5）因招标文件存在重大缺陷，导致中标结果不能满足招标需要而流标。

（6）因投标人或监管部门等相关人员提出投诉、质疑，招标结果不成立导致流标。

（7）因招标人、招标代理机构失误或过失，导致招标结果或招标程序不符合相关规定，需要重新组织，本次招标项目流标。

（8）其他情况。

总之，招标失败时，通常做法是重新发布公告，进行二次招标，在发布二次公告前，要针对上次招标失败的原因对招标文件、资格标准、拦标价等进行相应调整。如果二次招标仍然失败，这时就可以考虑变换招标方式，比如：公开招标改为邀请招标或竞争性谈判等。

经验之谈 4-3　清标

清标工作主要是对投标文件中的报价进行专业分析和审核，清标主要依据：招标文件、招标控制价、投标文件及工程计价有关规定等。

清标工作主要内容包括：

（1）错漏项分析。审核投标人是否按招标人提供的工程量清单填报价格。填写的项目编码、项目名称、项目特征、计量单位、工程量是否与招标人提供的一致。

（2）算术性错误分析。核对总计与合计、合计与小计、小计与单项之间等数据关系是否正确。

（3）不平衡报价分析。投标报价中是否存在不平衡报价，若存在不平衡报价，应认真分析其对工程造价的影响以及存在风险。

（4）明显差异单价的合理性分析。检查投标报价中的综合单价是否存在个别低于成本或超额利润的情况。

（5）安全文明措施、规费、税金等费用分析。检查投标报价中该类费用的合理性及是否符合有关强制性规定。

第四节　合同签订与管理

〖重要程度〗 ★★

〖应用领域〗 招标代理、造价咨询、建设单位

一、合同签订

1. 要约与承诺

合同签订一般要经过要约和承诺两个基本过程。

要约是希望和他人订立合同的意思表示。要约的构成要件如下。

（1）特定人的意思表示。

（2）向要约人希望与之缔结合同的受要约人发出。

（3）有订立合同的意图。

（4）内容具体确定（“具体”是指要约的内容必须具有足以使合同成立的主要条款。“确定”是指要约的内容必须明确，而不能含糊不清，否则无法承诺）。

（5）有受拘束的意思表示。

要约邀请是指一方邀请对方向自己发出要约，而不是像要约那样由一方向他人发出订立合同的意思表示。要约邀请只是引诱他人向自己发出要约，在发出邀请后，要约邀请人撤回其中邀请，只要未给善意相对人造成信赖利益的损失，邀

请人并不承担法律责任。在工程建设中招标行为属于要约邀请。

承诺是受要约人同意要约的意思表示。即受约人同意接受要约的全部条件而与要约人成立合同。在工程建设中发出的中标通知书属于承诺。

工程建设招标投标活动中，招标行为属于邀约邀请对双方不具备约束力；投标属于邀约行为，发出中标通知书属于承诺，招标投标行为属于合同签订过程的特殊过程。

2. 合同签订与履约保证金

招标人和中标人应当在投标有效期内并在自中标通知书发出之日起30日内，按照招标文件和中标人的投标文件订立书面合同，明确双方责任、权利和义务。合同的标的、价款、质量、履行期限等主要条款应当与招标文件和中标人的投标文件的内容一致。签订合词时，双方在不改变招标投标实质性内容的条件下，对非实质性差异的内容可以通过协商取得一致意见。

招标文件要求中标人提交履约保证金的，中标人应当提交。履约保证金是履约担保的通称，是招标人在招标文件中设置的对中标人的履约行为进行约束的限制措施。当中标人出现违反合同规定的情形时，招标人可以约定不予退还全部或部分履约保证金的方式索取赔偿。在签订合同前，中标人应按招标文件规定向招标人提交履约保证金。投标人中标后不提交履约保证金的，招标人可以取消其中标资格，投标保证金不予退还。招标人设置的履约保证金的金额不得超过中标合同金额的10%。

3. 工程施工合同的组成

工程施工合同文件一般由下列文件组成。

(1) 合同协议书。

(2) 中标通知书。

(3) 投标函及投标函附录。

(4) 专用合同条款。

(5) 通用合同条款。

(6) 技术标准和要求。

(7) 设计图纸。

(8) 已标价工程量清单。

(9) 其他合同文件。

上述合同文件应能互相补充和解释，如有不明确或不一致之处，以约定的优先次序为准。

二、合同分类

工程施工合同按照合同计价方式和风险分担情况，可划分为总价合同、单价合同和成本加酬金合同。

1. 总价合同

总价合同的工程数量、单价及总价一般不变，除约定的合同范围调整或者设计变更可以调整总价之外，也可约定人工、材料和设备等部分要素价格波动依据约定的指数调整总价，除此之外的其他风险则由承包人承担。总价合同一般适用于工程规模较小、技术比较简单、工期较短（一般不超过一年）、具备完整详细设计文件的工程建设项目。

2. 单价合同

单价合同是由发包人提供工程量清单，承包人据此填报单价所形成的合同，其特点为工程量的变化风险由发包人承担，单价风险由承包人承担。单价合同也可约定部分要素价格依据相应指数波动调整单价。

3. 成本加酬金合同

合同价格中工程成本按照实际发生额计算确定和支付，承包人的酬金可以按照合同双方约定额度或者比例的工程管理服务费和利润额计算确定，或按照工程成本、质量、进度的控制结果挂钩奖惩的浮动比例计算核定。

三、合同管理

1. 合同管理基本概念

合同管理全过程就是由洽谈、草拟、签订、生效开始，直至合同失效为止。不仅要重视签订前的管理，更要重视签订后的管理。系统性就是凡涉及合同条款内容的各部门都要一起来管理。动态性就是注重履约全过程的情况变化，特别要掌握对自己不利的变化，及时对合同进行修改、变更、补充或中止和终止。

建设工程施工合同即建筑安装工程承包合同，是发包人与承包人之间为完成商定的建设工程项目，确定双方权利和义务的协议。合同的主要内容规定为：勘察、设计合同应当包括提交有关基础资料和文件的条款；施工合同的内容应当包括工程范围、建设工期、工程质量、工程造价、技术资料交付时间、材料和设备供应责任、拨款和结算、竣工验收、质量保修范围和质量保证期、双方相互协作等条款；监理合同应当包括发包方委托监理的内容、发包方与监理方权力责任的划分、监理费用及付款方式等条款。

随着市场经济的不断深入，施工合同管理已经成为工程项目管理的核心内容，合同履约这一管理意识成为约束建设市场经济行为的普遍准则。企业管理这严格按照管理体制把握施工全过程的合同管理，切实保证合同的履行，维护合同双方的权益，真正把合同管理落到实处。只有这样，才能为企业自身创造更大的经济效益，使企业自身在竞争激烈的行业间立于不败之地。

2. 造价条款分析

（1）合同计价形式。按承包工程计价方式可分为：总价合同、单价合同和成本加酬金合同。总价合同可分为固定总价合同和可调价总价合同。单价合同又分为固定单价合同和可调单价合同。合同中应明确合同形式，并按合同形式要求确定后续计价条款。

(2) 预付款。工程实行预付款的，合同双方应根据合同通用条款及价款结算办法的有关规定，在合同专用条款中约定并履行。工程预付款又称材料备料款或材料预付款。预付款是用于承包人为合同工程施工购置材料、工程设备，购置或租赁施工设备、修建临时设施以及组织施工队伍进场等所需的款项。工程预付款的最高额度不超过合同金额（扣除暂列金额）的 30%，是指建设工程施工合同订立后由发包人按照合同约定，在正式开工前预支给承包人的工程款。它是施工准备和所需材料、结构件等流动资金的主要来源，国内习惯上又称为预付备料款。

工程预付款的扣回：

$$\text{起扣点 } T=P-M/N$$

式中：P 为承包合同总合同额；M 为工程预付款数额；N 为主要材料和构件所占总价款的比重。

(3) 工程进度款。工程进度款是指在施工过程中，按逐月（或形象进度、或控制界面等）完成的工程数量计算的各项费用总和。工程进度款的支付，一般按当月实际完成工程量进行结算，工程竣工后办理竣工结算。在工程价款结算中，应在施工过程中双方确认计量结果后 14 天内，按完成工程数量支付工程进度款。发包人应支付不低于工程价款的 60%，且不高于工程价款的 90%。

(4) 质保金。建设工程质保金是指发包人与承包人在建设工程承包合同中约定，用以维修工程在保修期限和保修范围内出现的质量缺陷的资金。项目工程质保金按项目工程价款结算总额乘以合同约定的比例（一般为 5%）由建设单位（业主）从施工企业工程计量拨款中直接扣留，且一般不计算利息。施工企业应在项目工程竣（交）工验收合格后的缺陷责任期（一般为 1 年）内，认真履行合同约定的责任，缺陷责任期满后，及时向建设单位（业主）申请返还工程质保金。建设单位（业主）应及时向施工企业退还工程质保金（若缺陷责任期内出现缺陷，则扣除相应的缺陷维修费用）。建设工程的保修期，自竣工验收合格之日起计算。

(5) 价格调整。施工期内，当材料价格发生波动，合同有约定时超过合同约定的涨幅的，承包人采购材料前应报经发包人复核采购数量，确认用于本合同工程时，发包人应认价并签字同意，发包人在收到资料后，在合同约定日期到期后，不予答复的可视为认可，作为调整该种材料价格的依据。如果承包人未报经发包人审核即自行采购，再报发包人调整材料价格，如发包人不同意，不作调整。

(6) 竣工结算。在工程进度款结算的基础上，根据所收集的各种设计变更资料和修改图纸，以及现场签证、工程量核订单、索赔等资料进行合同价款的增减调整计算，最后汇总为竣工结算造价。竣工结算是在工程竣工并经验收合格后，在原合同造价的基础上，将有增减变化的内容，按照施工合同约定的方法与规定，对原合同造价进行相应的调整，编制确定工程实际造价并作为最终结算工程价款的经济文件。

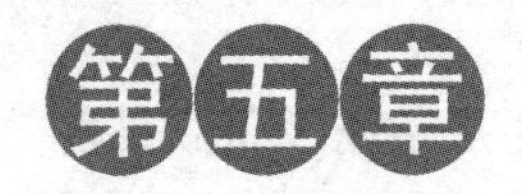

施工阶段造价管理

本章导读

合同签订后施工单位就会陆续安排人力、物力、机械等进入施工现场，为开工做准备。当施工图纸到位后，我们造价的工作都有哪些？哪些事情需要注意？施工过程中又有哪些文件需要造价人员把控？进度款如何支付？分包单位如何管理？本章将从图纸会审开始讲起，为读者详细解读施工过程中的造价管理。

第一节 图 纸 会 审

〖重要程度〗 ★★

〖应用领域〗 施工单位、建设单位

一、图纸会审概述

图纸会审是指工程各参建单位（建设单位、监理单位、施工单位、各种设备厂家）在收到设计院施工图设计文件后，对图纸进行全面细致的熟悉，审查出施工图中存在的问题及不合理情况并提交设计院进行处理的一项重要活动。

图纸会审由建设单位负责组织并记录（也可请监理单位代为组织）。通过图纸会审可以使各参建单位特别是施工单位熟悉设计图纸、领会设计意图、掌握工程特点及难点，找出需要解决的技术难题并拟订解决方案，从而将因设计缺陷而存在的问题消灭在施工之前。

二、图纸会审常见问题

图纸会审中常见问题如下。

（1）是否无证设计或越级设计；是否经设计单位正式签署；是否经过相关部门审核合格。

（2）地质勘探资料是否齐全。

（3）设计图纸与说明是否齐全，有无分期供图的时间表。

（4）设计地震烈度是否符合当地要求。

（5）几个设计单位共同设计的图纸相互间有无矛盾；专业图纸之间、平立剖面图之间有无矛盾；标注有无遗漏。

（6）总平面与施工图的几何尺寸、平面位置、标高等是否一致。

（7）防火、消防是否满足要求。

（8）建筑结构与各专业图纸本身是否有差错及矛盾；结构图与建筑图的平面尺寸及标高是否一致；建筑图与结构图的表示方法是否清楚；是否符合制图标准；预埋件是否表示清楚；有无钢筋明细表；钢筋的构造要求在图中是否表示清楚。

（9）施工图中所列各种标准图册，施工单位是否具备。

（10）材料来源有无保证，能否代换；图中所要求的条件能否满足；新材料、新技术的应用有无问题。

（11）地基处理方法是否合理，建筑与结构构造是否存在不能施工、不便于施工的技术问题，或容易导致质量、安全、工程费用增加等方面的问题。

（12）工艺管道、电气线路、设备装置、运输道路与建筑物之间或相互间有无矛盾，布置是否合理；是否满足设计功能要求。

（13）施工安全、环境卫生有无保证。

（14）图纸是否符合监理大纲所提出的要求。

三、图纸会审流程

图纸会审应在开工前进行。如施工图纸在开工前未全部到齐，可先进行分部工程图纸会审。

（1）图纸会审前必须组织预审。一般以各参建单位各自组织，阅图中发现的问题应归纳汇总，并报送监理机构汇总整理，并送达设计单位。

（2）由建设单位或总监理工程师组织图纸会审和设计交底（一般与图纸会审会议一起）会议，各参建单位对图纸等设计文件提出意见和疑问，由设计单位陈述并提交设计交底，补充资料和设计答疑。监理方对专人提出和解答的问题作好记录，以便查核。

（3）整理成为图纸会审纪要，由各方代表签字盖章认可。图纸会审具体流程如图 5-1 所示。图纸会审样例见表 5-1。

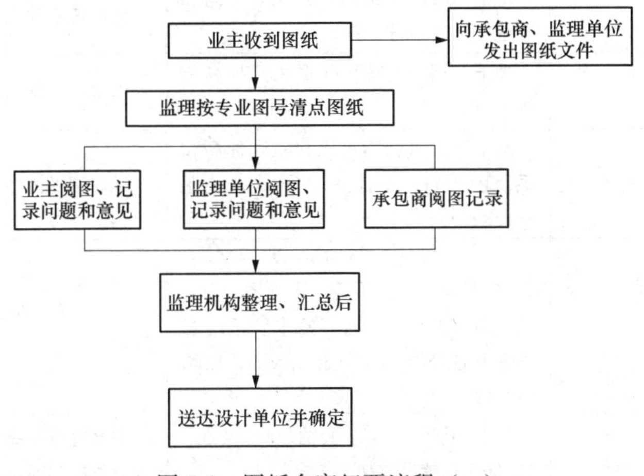

图 5-1　图纸会审纪要流程（一）

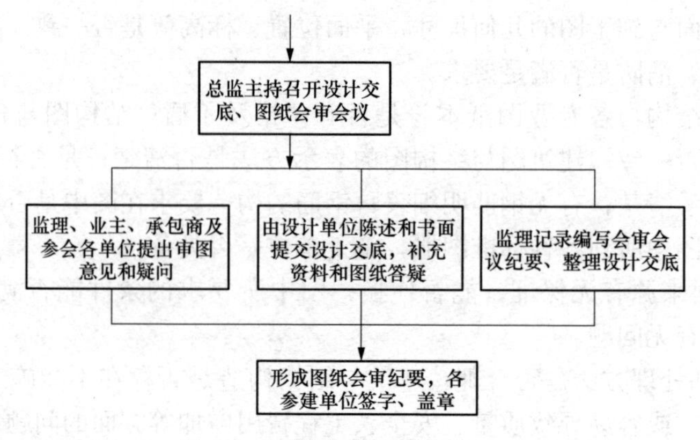

图 5-1 图纸会审纪要流程（二）

表 5-1 **图纸会审记录表**

图纸会审记录 表 C2-2			编　号	05-C2-001
工程名称	＊＊＊住宅小区建设工程		日期	2016 年 9 月 28
地点	北京市通州区		专业名称	暖卫工程
序号	图号		图纸问题	图纸问题交底
1			地下二层喷淋入户主管标高、管径和系统图不符。（⑮轴）平面图－4.6m，系统图－4.4m（管径 150mm、100mm）	标高及管径均按平面图所标
2			地下二层喷淋入户⑭/Ⓒ-Ⓓ轴主管和干管标高打架	消防管道让喷淋管道
3			地下二层⑮轴消防入户主管标高和系统图标高不符，平面图－2m，系统图－1.85m	标高按平面图所标
4			地下二层⑤轴消防入户主管标高和系统图标高不符	标高按平面图所标
5			地下一层⑱-⑲轴 YL-2 入户标高和排水打架	雨水管道标高改为－0.65m
6			地下一层⑲轴喷淋入户主管标高和系统图不符，平面图－2m，系统图－1.85m	标高按平面图所标
7			地下一层⑲轴低区给水入户管（JD/2）标高和系统图不符，平面图－2m，系统图－1.85m，高区给水管系统图干管上管径为 *DN*70 和 *DN*50，以哪个为准	标高按平面图所标，管径为 *DN*70
8			地下一层⑨-⑪/Ⓔ-Ⓕ轴之间，（ZG/1）标高和喷淋打架	中水管道标高降低，施工时以两管道能顺利通过为准

续表

序号	图号	图纸问题	图纸问题交底
9		地下一层⑰-⑱/Ⓕ-Ⓖ轴喷淋和接合器管打架	调整标高，施工时以两管道能顺利通过为准
10		地下一层⑭-⑱/Ⓕ-Ⓖ轴（JD/2）和喷淋管打架，消防、中水都打架，首层和标准层没有卫生间大样图，排水口间距不明确	调整标高，施工时以两管道能顺利通过为准。卫生间大样图见建筑图，坐便器下水口距墙 420mm
11		地下一层⑯-⑰/Ⓙ轴出户排水管 *DN*50 是否首层厨房间单排，系统不明确，另外出户管径小	出户排水管管径改为 *DN*100
12		地下二层卫生间管道高于地面，详细做法如何	地下二层排水管标高降低 100mm
13		地下二层人防通风标高与消防、喷淋管标高是否有误	根据实际情况调整标高
14		地下一层通风管标高与喷洒管标高是否有误	根据实际情况调整标高

签字栏	建设单位	监理单位	设计单位	施工单位
	＊＊＊房地产开发公司	＊＊工程监理有限公司	＊＊＊设计院	＊＊建筑工程有限公司

注　1. 由施工单位整理、汇总，建设单位、监理单位、施工单位、城建档案馆各保存一份。

2. 图纸会审记录应根据专业（建筑、结构、给排水及采暖、电气、通风空调、智能系统等）汇总，整理。

3. 设计单位应由专业设计负责人签字，其他相关单位应由项目技术负责人或相关专业负责人签认。

第二节　工　程　变　更

〖重要程度〗 ★★★

〖应用领域〗 造价咨询、建设单位、设计单位、施工单位

一、工程变更概念

工程变更（Engineering Change，EC），是在工程项目实施过程中，按照合同约定的程序，监理工程师根据工程需要，下达指令对招标文件中的原设计或经监理人批准的施工方案进行的在材料、工艺、功能、功效、尺寸、技术指标、工程数量及施工方法等任一方面的改变。实际工程中涉及的合同变更、设计变更、工程洽商、工程签证等都属于工程变更的范畴。

1. 合同变更

合同变更是指在合同执行的过程中，为了更好地执行合同和完成合同规定的义务，对于合同中规定的工作范围的变更、相异的现场条件的变更和质量、技术规范要求提高的变更、支付条件的改变等。

2. 设计变更

设计变更是指在设计过程中，由于设计师忽略了对某一部分的设计，或者设计图纸有缺陷，而在施工过程中需要进行的修改和完善。这种变更会影响承包商的设计工作流程、施工工艺、施工成本和工作时间等，因此承包商有权利提出索赔的要求。设计变更通知单见表 5-2。

表 5-2　　设计变更通知单

设计变更通知单			编号	
工程名称			专业名称	
设计单位名称			日期	
序号	图号	变更内容		
签字栏	建设单位	监理单位	设计单位	施工单位

注　1. 本表由建设单位、监理单位、施工单位和城建档案馆各保存一份。
2. 涉及图纸修改的必须注明应修改图纸的图号。
3. 不可将不同专业的设计变更办理在同一份变更上。
4. “专业名称”栏应按专业填写，如建筑、结构、给排水、电气、通风空调等。

3. 工程洽商或签证

工程洽商或签证是在施工过程中，由于业主引起的加速施工、工程师现场指令的施工顺序改变和对施工顺序的调整，或承包商进行价值工程分析后提出的有利于工程目标实现的施工建议等而引起的工程变更。对于由于承包商自身原因造成的施工技术、顺序改变或加速施工，业主不以变更的程序进行确认，费用由承包商自己承担。由业主要求的施工作业调整，承包商的费用和调整可以得到补偿。工程洽商记录见表 5-3。现场签证见表 5-4。

表 5-3　　工程洽商记录表

工程洽商记录		资料编号	
工程名称		专业名称	
提出单位名称		日期	
内容摘要			

续表

<table>
<tr><td>序号</td><td>图号</td><td colspan="3">洽商内容</td></tr>
<tr><td></td><td></td><td colspan="3"></td></tr>
<tr><td></td><td></td><td colspan="3"></td></tr>
<tr><td></td><td></td><td colspan="3"></td></tr>
<tr><td></td><td></td><td colspan="3"></td></tr>
<tr><td rowspan="2">签字栏</td><td>建设单位</td><td>监理单位</td><td>设计单位</td><td>施工单位</td></tr>
<tr><td></td><td></td><td></td><td></td></tr>
</table>

本表由变更提出单位填写

表 5-4　　　　**现场签证表**

工程名称：　　　　标段：　　　　编号：

施工部位		日期	

致：________________________________（发包人全称）

根据________（指令人姓名）　年　月　日的口头指令或你方________（或监理人）　年　月　日的书面通知，我方要求完成此项工作应支付价款金额为（大写）________________（小写________），请予核准。

附：1. 签证事由及原因

2. 附图及计算式

承包人（章）

承包人代表________

日　期________

<table>
<tr><td>复核意见：
你方提出的此项签证申请经复核：
□不同意此项签证，具体意见见附件
□同意此项签证，签证金额的计算，由造价工程师复核

监理工程师________
日　期________</td><td>复核意见：
□此项签证按承包人中标的计日工单价计算，金额为（大写）________元，（小写__________元）
□此项签证因无计日工单价，金额为（大写）________元，（小写__________）

造价工程师________
日　期________</td></tr>
</table>

审核意见：

□不同意此项签证

□同意此项签证，价款与本期进度款同期支付

发包人（章）

发包人代表________

日　期________

注　1. 在选择栏中的“□”内作标识“√”。

2. 本表一式四份，由承包人在收到发包人（监理人）的口头或书面通知后填写，发包人、监理人、造价咨询人、承包人各存一份。

二、变更的原因与表现形式

发生工程变更的原因很多，总体来说，主要有以下几种类型。

（1）建设单位原因：工程规模、使用功能、工艺流程、质量标准的变化，以及工期改变等合同内容的调整。

（2）设计单位原因：设计错漏、设计调整，或因自然因素及其他因素而进行的设计改变等。

（3）施工单位原因：因施工质量或安全需要变更施工方法、作业顺序和施工工艺等。

（4）监理单位原因：监理工程师出于工程协调和对工程目标控制有利的考虑，而提出的施工工艺、施工顺序的变更。

（5）合同原因：原订合同部分条款因客观条件变化，需要结合实际修正和补充。

（6）环境原因：不可预见自然因素和工程外部环境变化导致工程变更，包括不可抗力原因。

具体到实际工程中，工程变更主要表现在以下几个方面。

（1）更改工程有关部分的标高、基线、位置和尺寸。

（2）增减合同中约定的工程量。

（3）增减合同中约定的工程内容。

（4）改变工程质量、性质或工程类型。

（5）改变有关工程的施工顺序和时间安排。

（6）为使工程竣工而必须实施的任何种类的附加工作。

三、工程变更处理程序

一般由建设单位、设计单位或施工单位在施工过程中提出的做法变动、材料代换、纠正施工图中的失误或施工条件发生变动而引起的变更等事项，均应按以下程序流程处理解决。

（1）施工单位提出变更申请→监理单位意见→建设单位意见→设计院意见→建设单位确定意见→施工单位实施。

（2）建设（监理）单位提出变更意见→监理（建设）单位意见→设计院意见→建设单位确定意见→施工单位实施。

需要注意的是，《工程变更单》是施工图的补充，与施工图有同等作用，但不作为决算依据。是否作为结算依据，应视发生工程变更的原因以及内容而定。

四、工程变更索赔

1. 索赔分类

（1）按索赔目的分类。

1）工期索赔。工期索赔是承包商向业主要求延长施工的时间，使原定的工程竣工日期顺延一段合理时间。

工期索赔计算可采用网络分析法和比例分析法。

网络分析法是通过分析延误前后的施工网络计划，比较两种计算结果，计算出工程应顺延的工期。比例分析法通过分析增加或减少的单项工程量（工程造价）与合同总量（合同总造价）的比值，推断出增加或减少的工期。

2）费用索赔。费用索赔就是承包商向业主要求补偿不应该由承包商自己承担的经济损失或额外开支，也就是取得合理的经济补偿。

费用索赔的费用计算方法分为总费用法和分项法。

总费用法又称为总成本法，通过计算出某项工程的总费用，减去单项工程的合同费用，剩余费用为索赔费用。分项法按工程造价的确定方法，逐项进行工程费用索赔，可分为：人工费、机械费、管理费、利润、材料费、保险费、设备费等索赔费用。

（2）索赔处理分类。

1）单项索赔。单项索赔就是采取一事一索赔的方式，即在每一件索赔事项发生后，报送索赔通知书，编报索赔报告书，要求单项解决支付，不与其他的索赔事项混在一起。

2）综合索赔。综合索赔又称总索赔，俗称一揽子索赔，即对整个工程（或某项工程）中所发生的数起索赔事项，综合在一起进行索赔。也是总成本索赔，它是对整个工程（或某项工程）的实际总成本与原预算成本之差额提出索赔。

2. 工程变更索赔分析

索赔条件，又称干扰事件，是指那些使实际情况与合同规定不符合，最终引起工期和费用变化的各类事件。通常承包商可以索赔的事件有以下几个方面。

（1）发包人违反合同给承包人造成时间和费用的损失。

（2）因工程变更（含设计变更，发包人提出的工程变更，监理工程师提出的工程变更，以及承包人提出并经监理工程师批准的变更）造成时间和费用的损失。

（3）发包人提出提前完成项目或缩短工期而造成承包人的费用增加。

（4）发包人延期支付期限造成承包人的损失。

（5）非承包人的原因导致工程的暂时停工。

（6）物价上涨，法规变化及其他。

工程变更构成索赔需要符合以下要素。

（1）与合同对照，事件造成了承包人工程项目成本的额外支出，或直接工期损失。

（2）造成费用增加或工期损失的原因，按合同约定不属于承包人的行为责任或风险责任。

（3）承包人按合同规定的程序和时间提交索赔意向通知和索赔报告。

3. 索赔程序

（1）索赔事件发生后 14 天内，向监理工程师发出索赔意向通知。

(2) 发出索赔意向通知后的14天内，向监理工程师提交补偿经济损失和(或)延长工期的索赔报告及有关资料。

(3) 监理工程师在收到承包人送交的索赔报告和有关资料后，于14天内给予答复。

(4) 监理工程师在收到承包人送交的索赔报告和有关资料后，14天内未予答复或未对承包人作进一步要求，视为该项索赔已经认可。

(5) 当该索赔事件持续进行时，承包人应当阶段性向监理工程师发出索赔意向通知。在索赔事件终了后14天内，向监理工程师提供索赔的有关资料和最终索赔报告。

4. 造价审核

施工过程中发生的索赔成立后，由施工单位申报《经济签证申请表》(附预算书)，经现场监理工程师审核签字盖章后，报建设单位工程部管理人员复核后，再由造价工程师审核造价，建设单位在《经济签证申请表》中明确计费方法或协议单价。

造价工程师应随时到施工现场了解实际工作情况，对涉及造价或费用改变较大的经济签证进行抽查，工程部现场管理人员应积极配合。抽查中若发现申报的经济签证与实际情况有较大出入的，将给予施工单位相应的处罚。

工程实际使用材料的质量、价格如与工程量清单项目特征描述不一致需办理经济签证时，由工程监理、工程部、造价工程师共同审核。必要时可进行招标确定。

因承包人擅自变更设计发生的费用和由此导致发包人的直接损失由承包人承担，延误的工期不予顺延。若造成质量问题或经济损失由承包人全部承担，并接受建设单位按该部分工程造价30%的违约处罚。

5. 计价原则

(1) 工程变更引起已标价工程量清单项目或其工程数量发生变化，应按照下列规定调整。

1) 已标价工程量清单中有适用于变更工程项目的，采用该项目的单价；但当工程变更导致该清单项目的工程数量发生变化，且工程量偏差超过15%，可按清单计价规范中规定调整。

2) 已标价工程量清单中没有适用、但有类似于变更工程项目的，可在合理范围内参照类似项目的单价。

3) 已标价工程量清单中没有适用也没有类似于变更工程项目的，由承包人根据变更工程资料、计量规则和计价办法、工程造价管理机构发布的信息价格和承包人报价浮动率提出变更工程项目的单价，报发包人确认后调整。

承包人报价浮动率可按下列公式计算：

招标工程：

承包人报价浮动率 $L=(1-$中标价/招标控制价$)\times100\%$

非招标工程：

承包人报价浮动率 $L=(1-$报价值/施工图预算$)\times100\%$

4）已标价工程量清单中没有适用也没有类似于变更工程项目，且工程造价管理机构发布的信息价格缺价的，由承包人根据变更工程资料、计量规则、计价办法和通过市场调查等取得有合法依据的市场价格提出变更工程项目的单价，报发包人确认后调整。

（2）工程变更引起施工方案改变，并使措施项目发生变化的，承包人提出调整措施项目费的，应事先将拟实施的方案提交发包人确认，并详细说明与原方案措施项目相比的变化情况。拟实施的方案经发承包双方确认后执行。该情况下，应按照下列规定调整措施项目费。

1）安全文明施工费，按照实际发生变化的措施项目调整。

2）采用单价计算的措施项目费，按照实际发生变化的措施项目按《建设工程工程量清单计价规范》的规定确定单价。

3）按总价（或系数）计算的措施项目费，按照实际发生变化的措施项目调整，但应考虑承包人报价浮动因素，即调整金额按照实际调整金额乘以报价浮动率计算。如果承包人未事先将拟实施的方案提交给发包人确认，则视为工程变更不引起措施项目费的调整或承包人放弃调整措施项目费的权利。

（3）如果工程变更项目出现承包人在工程量清单中填报的综合单价与发包人招标控制价或施工图预算相应清单项目的综合单价偏差超过 15%，则工程变更项目的综合单价可由发承包双方按照下列规定调整。

1）当 $P_0<P_1(1-L)(1-15\%)$时，该类项目的综合单价按照 $P_1(1-L)(1-15\%)$ 调整。

2）当 $P_0>P_1(1+15\%)$ 时，该类项目的综合单价按照 $P_1(1+15\%)$ 调整。

式中　P_0——承包人在工程量清单中填报的综合单价。

P_1——发包人招标控制价或施工预算相应清单项目的综合单价。

L——《建设工程工程量清单计价规范》定义的承包人报价浮动率。

（4）如果发包人提出的工程变更，因为非承包人原因删减了合同中的某项原定工作或工程，致使承包人发生的费用或（和）得到的收益不能被包括在其他已支付或应支付的项目中，也未被包含在任何替代的工作或工程中，则承包人有权提出并得到合理的利润补偿。

对于任一招标工程量清单项目，如果因《建设工程工程量清单计价规范》规定的工程量偏差或工程变更等原因导致工程量偏差超过 15%，调整的原则为：当工程量增加 15%以上时，其增加部分的工程量的综合单价应予调低；当工程量减少 15%以上时，减少后剩余部分的工程量的综合单价应予调高。此时，按下列公式调整结算分部分项工程费：

1）当$Q_1>1.15Q_0$时，$S=1.15Q_0\times P_0+(Q_1-1.15Q_0)\times P_1$

2）当$Q_1<0.85Q_0$时，$S=Q_1\times P_1$

式中 S——调整后的某一分部分项工程费结算价；

Q_1——最终完成的工程量；

Q_0——招标工程量清单中列出的工程量；

P_1——按照最终完成工程量重新调整后的综合单价；

P_0——承包人在工程量清单中填报的综合单价。

五、工程变更管理

工程变更、现场签证的管理原则是“以事前控制为主”。

施工过程中为加强造价控制，在施工方案、设计变更、工程洽商等正式发布之前，通常需要对不同方案进行测算。测算的主要目的是了解不同方案的造价高低，并提出相关建议，为建设单位正确决策提供支持。

工程变更发生后，造价管理人员主要审查：施工方案、设计变更、工程洽商签字盖章是否齐全，各方签署意见是否一致；索赔程序与时间是否符合要求；做好现场调研，所签内容与施工现场实际情况比较是否存在偏差；施工单位费用索赔报价是否符合合同约定、现行计价方法；材料设备价格是否合理；索赔费用与原测算造价分析对比。

经验之谈 5-1　工程变更签字艺术

如果施工单位提出一份经济签证需要你的签字确认，但是你认为签证的内容可能有虚假成分，但一时也找不到相关证据，怎么办？如果签字呢，签证内容很可能有虚假成分，不签字吧，施工单位与建设单位甚至自己单位领导保持着某种“亲密关系”。如何处理才能既不违背职业道德，也不得罪相关领导保住饭碗呢？这就需要一定的技巧与艺术。

作为造价管理人员，我们要知道自己应该坚持的原则，没有依据的签证或者签证弄虚作假是万万不能签字的。签字的危害有三点是肯定的，首先违背职业道德，甚至有触犯法律的危险；其次，即使签字，建设单位、公司领导也会怀疑你是否从中得到好处；再次，后续工作中，例如，与施工单位结算核对时，会感觉自己的“把柄”被抓住了，工作时畏首畏尾。

我们不应该签字，怎么拒绝对方？首先，可以告诉对方“你的签证我可以签字，但是签证内容的依据不太充分，需要补充现场见证人认证资料（甲方、监理等人员签字认证）”。其次，安抚对方，可以这样说，“你们的难处我理解，你们通常报的签证都比较诚实，但这次的签证资料不全，我如果签字，别人是不是会怀疑我得了好处，我也不好交代；被端了饭碗，我的小家咋办？”第三，给对方一个交代，可以告诉对方，“这份签证我会向甲方和领导汇报的，您那儿也要准备好资料，我们内部协商好后，我们会按程序办理的”。

这样处理既坚持了原则，也不直接驳斥施工单位诉求，弄得大家下不了台，给自己添加不必要的麻烦。

第三节　工 程 进 度 款

〖重要程度〗 ★★★

〖应用领域〗 造价咨询、建设单位、施工单位

一、预付款

（1）预付款用于承包人为合同工程施工购置材料、工程设备，购置或租赁施工设备、修建临时设施以及组织施工队伍进场等所需的款项。预付款的支付比例不宜高于合同价款的30%。承包人对预付款必须专用于合同工程。

（2）工程预付款拨付的时间和金额应按照发承包双方的合同约定执行，首先由工作承担单位依据合同约定中有关预付款支付条款，提出书面预付款支付申请（含依据条款、计算过程和申请额度），经造价咨询部门审核后，由咨询人员填写《预付款支付审批表》。

承包人应在签订合同或向发包人提供与预付款等额的预付款保函（如有）后向发包人提交预付款支付申请。

发包人应对在收到支付申请的7天内进行核实后向承包人发出预付款支付证书，并在签发支付证书后的7天内向承包人支付预付款。

发包人没有按时支付预付款的，承包人可催告发包人支付；发包人在付款期满后的7天内仍未支付的，承包人可在付款期满后的第8天起暂停施工。发包人应承担由此增加的费用和（或）延误的工期，并向承包人支付合理利润。

（3）支付的工程预付款，应按照建设工程施工承发包合同约定在工程进度款中进行抵扣。预付款应从每支付期应支付给承包人的工程进度款中扣回，直到扣回的金额达到合同约定的预付款金额为止。

承包人的预付款保函（如有）的担保金额根据预付款扣回的数额相应递减，但在预付款全部扣回之前一直保持有效。发包人应在预付款扣完后的14天内将预付款保函退还给承包人。

二、安全文明施工费

安全文明施工费的内容和范围，应以国家和工程所在地省级建设行政主管部门的规定为准。

发包人应在工程开工后的28天内预付不低于当年的安全文明施工费总额的50%，其余部分与进度款同期支付。

发包人没有按时支付安全文明施工费的，承包人可催告发包人支付；发包人在付款期满后的7天内仍未支付的，若发生安全事故的，发包人应承担连带责任。

承包人应对安全文明施工费专款专用，在财务账目中单独列项备查，不得挪作他用，否则发包人有权要求其限期改正；逾期未改正的，造成的损失和（或）延误的工期由承包人承担。

三、总承包服务费

发包人应在工程开工后的28天内向承包人预付总承包服务费的20%，分包进场后，其余部分与进度款同期支付。

发包人未给合同约定向承包人支付总承包服务费，承包人可不履行总包服务义务，由此造成的损失（如有）由发包人承担。

四、进度款

进度款支付周期，应与合同约定的工程计量周期一致。

承包人应在每个计量周期到期后的7天内向发包人提交已完工程进度款支付申请一式四份，详细说明此周期自己认为有权得到的款额，包括分包人已完工程的价款。支付申请的内容包括以下12个方面。

（1）累计已完成工程的工程价款。

（2）累计已实际支付的工程价款。

（3）本期间完成的工程价款。

（4）本期间已完成的计日工价款。

（5）应支付的调整工程价款。

（6）本期间应扣回的预付款。

（7）本期间应支付的安全文明施工费。

（8）本期间应支付的总承包服务费。

（9）本期间应扣留的质量保证金。

（10）本期间应支付的、应扣除的索赔金额。

（11）本期间应支付或扣留（扣回）的其他款项。

（12）本期间实际应支付的工程价款。

发包人应在收到承包人进度款支付申请后的14天内根据计量结果和合同约定对申请内容予以核实。确认后向承包人出具进度款支付证书。

发包人应在签发进度款支付证书后的14天内，按照支付证书列明的金额向承包人支付进度款。

若发包人逾期未签发进度款支付证书，则视为承包人提交的进度款支付申请已被发包人认可，承包人可向发包人发出催告付款的通知。发包人应在收到通知后的14天内，按照承包人支付申请阐明的金额向承包人支付进度款。

发包人未按照规定支付进度款的，承包人可催告发包人支付，并有权获得延迟支付的利息；发包人在付款期满后的7天内仍未支付的，承包人可在付款期满后的第8天起暂停施工。发包人应承担由此增加的费用和（或）延误的工期，向承包人支付合理利润，并承担违约责任。

发现已签发的任何支付证书有错、漏或重复的数额，发包人有权予以修正，承包人也有权提出修正申请。经发承包双方复核同意修正的，应在本次到期的进度款中支付或扣除。工程款支付申请表见表5-5。

表5-5　　工程款支付申请表

工程款支付申请（核准）表

工程名称：　　　　　　　　　　　标段：　　　　　　　　　　　编号：

致：________________________________（发包人全称）

我方于______至______期间已完成了______工作，根据施工合同的约定，现申请支付本期的工程款额为（大写）______________（小写______），请予核准。

序号	名　称	金额（元）	备　注
1	累计已完成的工程价款		
2	系计已实际支付的工程价款		
3	本周期已完成的工程价款		
4	本周期完成的计日工金额		
5	本周期应增加和扣减的变更金额		
6	本周期应增加和扣减的索赔金额		
7	本周期应抵扣的预付款		
8	本周期应扣减的质保金		
9	本周期应增加或扣减的其他金额		
10	本周期实际应支付的工程价款		

承包人（章）

承包人代表______

日　期______

复核意见：

□与实际施工情况不相符，修改意见见附件：

□与实际施工情况相符，具体金额由造价工程师复核。

监理工程师______

日　期______

复核意见：

你方提出的支付申请经复核，本期间已完成工程款额为（大写）______________（小写__________），本期间应支付金额为（大写）______________（小写______）。

造价工程师______

日　期______

审核意见：

□不同意

□同意，支付时间为本表签发后的15天内

发包人（章）

发包人代表______

日　期______

注　1. 在选择栏中的“□”内作标识“√”。

2. 本表一式四份，由承包人填报，发包人、监理人、造价咨询人、承包人各存一份。

五、工程款支付

(1) 工程计量支付的审核内容有：本周期已完成工程的价款；累计已经完成的工程价款；累计已经支付的工程价款；本周期已完成计日工金额；应增加和扣减的变更金额；应增加和扣减的索赔金额；应抵扣的工程预付款；应扣减的质量保证金；根据合同应增加和扣减的其他金额；本付款周期实际应支付的工程价款。

(2) 相关合同约定的进度款支付条件具备后，由工作承担单位依据合同约定中有关进度款支付条件，提出书面进度款支付申请（包括依据条款、工作进展、计算过程和申请额度），经造价咨询部门审核后，由咨询人员填写《进度款支付审批表》。

(3) 工程预付款、进度款支付流程。

1) 工程预付款支付流程。

①施工单位提交预付款《工程款支付申请表》给预算专员，施工单位项目经理要签字确认。

②预算办根据合同约定的预付比例审核预付款，签署预付款《工程款支付申请表》然后交给财务部。

③财务部再次复核后，交给总经理和董事长审批，然后将审核审批通过的《工程款支付申请表》交给出纳安排付款。

2) 工程进度款支付流程。

①施工单位先向工程部提交进度款《工程款支付申请表》，要求附上已完工程的预算书，一式叁份（工程部、预算办、财务部各一份），施工单位项目经理要签字。

②工程部审核当月完成的部位和项目及相关工程量，审核完毕由工程部经理签字后交到预算专员。

③预算专员审核已完成工程量，并审核工程预算价，确定当月完成工程造价，根据合同约定，审批工程款，然后预算专员签字确认（注：预算办要求提供电子版预算书时，施工单位要积极配合）。

④预算专员将进度款《工程款支付申请表》上交财务部审核。

⑤财务部审核无误后，将进度款《工程款支付申请表》交由总经理和董事长审批。

⑥施工单位根据审核审批通过的进度款《工程款支付申请表》中的金额开具当地建安发票，发票需按进度款《工程款支付申请表》中的工程项目分别填开。

⑦施工单位将审核审批通过的进度款《工程款支付申请表》以及相同金额的建安发票上交到财务部，财务部再次复核《工程款支付申请表》的金额是否与发票金额一致，以及核对发票的各项内容后，交到出纳处办理该款项的转付。

⑧其他注意事项：施工单位要提供开户信息并加盖公章，开户信息内容有：单位名称、合同编号、开户名称、行号、账号、开户行。

工程预算书要按单位工程分开，并且设备基础的土建工程与房屋的土建工程要分开。

六、工程款审核要点

(1) 工程预付款审核。工程预付款审核的计算公式如下：

预付款＝合同金额×预付(%)

(2) 工程进度款审核：由施工单位编制上报，工程部技术经理签署意见的已完工程进度报表，经预算经理审核，双方确认，并核对有关合同条款无误。

(3) 工程进度款。工程进度款的计算公式如下：

工程进度款＝合同金额×已审核进度(%)

(4) 工程结算款审核：根据预算部已审核工程结算。工程结算款的计算公式如下：

工程结算款＝结算总价－下浮价－保修金（或扣留金额）－预付款－进度款－甲供料款－扣款

(5) 保修的审核：在合同规定之保修期满后，经使用部门核实无质量问题时方可办理。保修金的计算公式如下：

保修金＝(结算价－下浮价)×保修(%)－扣款

(6) 设备款的审核：材料设备款的支付，主办人必须附上相应送料单、入库单、施工单位领用单及材料设备发票，再根据合同审核支付，工程结束后，按实结算，若发生新增加材料设备，必须经设计单位签认后给予结算。

(7) 零星工程款的审核：零星工程即无合同的工程按实结算后给予付款。

第四节　分包合同管理

〖重要程度〗 ★★★

〖应用领域〗 造价咨询、建设单位、施工单位

一、发包模式

工程承发包方式，是指发包人与承包人双方之间的经济关系形式。从承发包的范围、承包人所处的地位、合同计价方法、获得承包任务的途径等不同的角度，可以对工程承发包方式进行不同分类，其主要分类如下。

(1) 按承发包范围（内容）划分可分为：建设全过程承发包；阶段承发包和专项（业）承发包。阶段承发包和专项承发包方式还可划分为：包工包料、包工部分包料、包工不包料 3 种方式。

包工包料即工程施工所用的全部人工和材料由承包人负责。其优点是便于调剂余缺，合理组织供应，加快建设速度，促进施工企业加强企业管理，精打细算，力行节约，减少损失和浪费；有利于合理使用材料，降低工程造价，减轻了建设单位的负担。

包工部分包料即承包人只负责提供施工的全部人工和一部分材料，其余部分材料由发包人或总承包人负责供应。

包工不包料又称包清工，实质上是劳务承包，即承包人（大多是分包人）仅提供劳务而不承担任何材料供应的义务。

（2）按承包人所处的地位划分可分为：总承包、分承包、独立承包、联合承包和直接承包。

（3）按合同计价方法划分可分为：固定价合同、可调价合同和成本加酬金合同。

二、专业分包

房屋建筑和市政基础设施工程施工分包分为专业工程分包和劳务作业分包。

专业工程分包，是指施工总承包企业（以下简称专业分包工程发包人）将其所承包工程中的专业工程发包给具有相应资质的其他建筑业企业（以下简称专业分包工程承包人）完成的活动。专业工程分包除在施工总承包合同中有约定外，必须经建设单位认可。专业分包工程承包人必须自行完成所承包的工程。专业分包工程承包人仅对总承包商负责，与建设单位没有合同关系。

分包工程发包人和分包工程承包人应当依法签订分包合同，并按照合同履行约定的义务。分包合同必须明确约定支付工程款和劳务工资的时间、结算方式以及保证按期支付的相应措施，确保工程款和劳务工资的支付。

分包工程发包人应当设立项目管理机构，组织管理所承包工程的施工活动。项目管理机构应当具有与承包工程的规模、技术复杂程度相适应的技术、经济管理人员。其中，项目负责人、技术负责人、项目核算负责人、质量管理人员、安全管理人员必须是本单位的人员。

分包工程发包人应当在订立分包合同后 7 个工作日内，将合同送工程所在地县级以上地方人民政府建设行政主管部门备案。分包合同发生重大变更的，分包工程发包人应当自变更后 7 个工作日内，将变更协议送原备案机关备案。

分包工程承包人应当按照分包合同的约定对其承包的工程向分包工程发包人负责。分包工程发包人和分包工程承包人就分包工程对建设单位承担连带责任。

分包工程发包人对施工现场安全负责，并对分包工程承包人的安全生产进行管理。专业分包工程承包人应当将其分包工程的施工组织设计和施工安全方案报分包工程发包人备案，专业分包工程发包人发现事故隐患，应当及时做出处理。分包工程承包人就施工现场安全向分包工程发包人负责，并应当服从分包工程发包人对施工现场的安全生产管理。

专业分包工程造价应包括完成专业分包项目所需的人工费、材料费、施工机（具）械使用费、企业管理费、利润、项目措施费、规费及税金等费用。

常见的专业分包工程有：地基基础工程（含土方、支护工程）、防水防腐保温工程、钢结构工程、模板脚手架工程（2015 年 1 月住建部更新的资质）、建筑装饰工程（含门、窗委托加工包安装）、建筑幕墙工程、机电设备安装工程、电梯安装工程、消防设施安装工程、建筑防水工程、园林古建筑工程、爆破与拆迁工程、电信工程、管道（新建、改扩建等）工程。

三、劳务分包

劳务作业分包，是指施工总承包企业或者专业承包企业（以下简称劳务作业发包人）将其承包工程中的劳务作业发包给劳务分包企业（以下简称劳务作业承包人）完成的活动。劳务作业分包由劳务作业发包人与劳务作业承包人通过劳务合同约定。劳务作业承包人必须自行完成所承包的任务。

常见的劳务分包作业合同有：木工作业合同、砌工作业合同、抹灰作业合同、油漆作业合同、钢筋作业合同、混凝土作业合同、脚手架作业合同、模板作业合同、焊接作业合同、水暖电作业合同等。

四、分包合同签订流程

分包合同签订流程如图 5-2 所示。

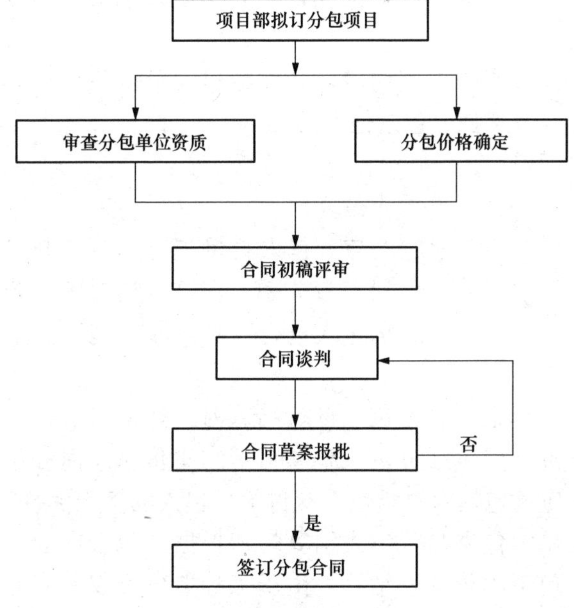

图 5-2　分包合同签订流程

五、分包合同管理

1. 分包合同管理

分包合同分为劳务分包和专业分包，其中劳务分包主要发包给具有相应资质的劳务作业企业完成。专业分包按发包形式又可分为指定分包和非指定分包两种形式。指定分包是指分包主体由发包人来确定，而非指定分包是指分包主体由总承包人来确定。但是无论哪种形式的施工分包其管理模式都应符合以下规定。

（1）分包需要发包人同意。为了保证建设工程质量，当总承包人需要将其部分承包权发包给第三人完成时，法律规定该行为必须经发包人同意。

（2）主体结构的施工必须自己完成。法律规定在合理使用年限内，必须确保建筑物地基基础工程和主体结构的质量。因此为了保证整个建筑物的工程质量，履行总承包人的责任，主体结构工程施工不得分包。

（3）分包人与总包人共同承担连带责任。分包人与总包人就分包工程共同向发包人承担连带责任。如果出现非法转包和违反分包行为，则实际施工人与总包人就分包工程共同向发包人承担连带责任。

2. 违法分包行为

禁止将承包的工程进行转包。不履行合同约定，将其承包的全部工程发包给他人，或者将其承包的全部工程肢解后以分包的名义分别发包给他人的，属于转包行为。

禁止将承包的工程进行违法分包，下列行为，属于违法分包。

（1）分包工程发包人将专业工程或者劳务作业分包给不具备相应资质条件的分包工程承包人的。

（2）施工总承包合同中未有约定，又未经建设单位认可，分包工程发包人将承包工程中的部分专业工程分包给他人的。

六、分包结算管理

1. 施工总承包人与施工分包人结算

根据合同的相对性，总承包人与分包人直接进行结算。分包合同的价款计价方式和确定形式与总包合同无任何连带关系。在这种情况下，分包工程结算先后经过两个阶段：发包人与施工总承包人进行结算阶段、施工总承包人与分包人结算阶段。

（1）先由发包人与施工总承包人进行结算时，如果没有特别约定，发包人与施工总承包人结算价款应包括分包工程项目的结算价款，而分包工程项目的工程价款中应包含分包应该包括由总承包人支付给分包人的工程价款。

（2）再由施工总承包人与分包人结算时，根据分包合同规定，由施工总承包人与分包人进行分包工程价款的结算。由于工程造价不仅具有专业性特点，更具有契约性特点。因此如果总包合同和分包合同对工程价款的计价方式、确定形式、变更程序等约定不同，往往会使总承包人与发包人结算得到的工程价款与总承包人与分包人结算支付的工程价款不一致，从而使总承包人不仅得到该分包工程项目的管理费，还会得到二者的工程价款的差价。

2. 发包人与分包人直接结算

为了避免由于工程造价契约性造成的分包工程价款的差价由总承包人取得，在总承包人要求发包人同意其分包情况下，发包人往往会以发包人与分包人直接结算为条件，来决定是否同意其分包，由此产生了发包人直接结算的情况。总承包人按分包工程价款的百分率取得总包管理费。

第五节　施工阶段全过程造价管理

建筑工程造价管理是一个动态的过程，对工程造价的管理始终要贯穿于建设项目的整个过程。但是目前我国全过程造价管理工作主要集中在施工阶段，本节主要针对目前最常见的施工阶段全过程造价管理工作进行介绍。

一、沟通管理

管理学之父彼得·德鲁克说过："管理就是沟通沟通再沟通"，可见，沟通在管理中的重要性是不言而喻的。

工程项目是基于工程项目实施者和利益关系人紧密协作完成特定任务的过程，在此过程中不仅涉及工程项目实施者内部的分工协作，还涉及工程项目利益关系人（业主、总承包方、分承包方、监理单位、主管部门之间）的分工协作。工程造价管理工作是否能顺利进行、是否能按既定目标进行，沟通工作是非常重要的辅助手段。

实际造价管理工作中，建设单位在检查项目阶段成果时，往往会指出曾经提出的某个要求没有包含在其中，而这个要求早就以口头的方式告知过造价管理项目组的成员，但作为造价管理者的你却一无所知，而那位成员解释说把这点忘记了；或者，造价管理项目组的行动和业主的需求发生了偏差，造成了造价文件重新调整；或者，发生某项变更或洽商时，未通知造价管理人员，也未到现场实际考察，导致签发工程量或价格不准确；或者，由于分包方未按照图施工，造成经济损失；或者，由于设计、采购、设备、安装各专业组之间的配合不好，导致工期拖延，等等。这些问题产生的原因都与缺乏有效的沟通有关。

因此，造价管理人员必须加强与本公司上下级之间、项目组合作成员之间的内部沟通协作。并且与建设项目各参与方保持良好的沟通，发现问题时及时沟通，及时掌握项目进展过程中的动态信息；定期与建设单位、施工单位、监理单位等相关人员进行工作交流，尤其是与作为造价咨询业务的委托方（一般为建设单位）保持沟通渠道畅通，并对工作中遇到的问题进行及时协商，明白委托方要求以及合同规定，才能更好地做好造价管理。

二、材料设备管理

材料设备是建筑工程的整体物质基础，此项费用控制的好坏直接关系到工程整体造价的高低，并且材料设备质量性能的优劣直接影响着工程的进度和整体质量。对于工程材料的合理控制，直接关系到工程项目的整体造价，还关系到承发包双方的经济利益，尤其是对甲供材料的控制、材料设备价格的确定。

1. 甲供材料

"甲供材料"简单来说就是由甲方提供的材料。这是在甲方与承包方签订合同时事先约定的。凡是由甲供材料，进场时由施工方和甲方代表共同取样验收，合格后方能用于工程上。甲供材料一般为大宗材料，比如钢筋、钢板、管材以及水泥等，具体材料种类在施工合同里应该有详细的清单。甲方供应工程材料有效地避免了施工方在工程中标后有关材料方面的扯皮问题，有利于造价控制。但是施工方不能赚到材料和合同之间的价差，而甲方前期投入的资金数量较大。

一般从工程造价角度甲供材料处理方式为：预算时甲供材料必须进入综合单价；工程结算时，一般是扣甲供材料费的99%，有1%作为甲供材料保管费。但是这对于施工单位直接采购计入综合单价，并计算企业管理费、利润、规费、税金等费率来说利益显然受到较大影响。

施行“营改增”政策后，对于甲供材料工程，若施工单位选择一般计税方法对施工单位成本增加负担更大，此时施工单位可以选择简易计税方法来降低成本。

2. 材料设备询价管理

根据《中华人民共和国招标投标法》和《政府采购法》规定的范围、程序和要求进行设备、材料招标，审查采购是否按照公平竞争、择优择廉的原则来确定供应方。

设备、材料价格确认要充分考虑设备材料的种类、规格型号、质量、数量、生产厂家、付款方式、交货地点、运输方式、期限、总价、违约责任等条款规定是否齐全。造价管理人员询价工作完成以后要填写材料设备价格确认单，并经建设单位签证批准。材料设备价格确认单样例见表5-6。

表5-6　　材料设备价格确认单

<table>
<tr><td colspan="3">项目名称</td><td colspan="4">使用部位</td><td colspan="2">材料名称</td></tr>
<tr><td>序号</td><td>材料/设备参数</td><td>品牌</td><td>单价（元）</td><td>生产厂家</td><td>联系人</td><td>联系电话</td><td>价格来源</td><td>备注</td></tr>
<tr><td>1</td><td></td><td></td><td></td><td></td><td></td><td></td><td></td><td></td></tr>
<tr><td>2</td><td></td><td></td><td></td><td></td><td></td><td></td><td></td><td></td></tr>
<tr><td>3</td><td></td><td></td><td></td><td></td><td></td><td></td><td></td><td></td></tr>
<tr><td>4</td><td></td><td></td><td></td><td></td><td></td><td></td><td></td><td></td></tr>
<tr><td>5</td><td></td><td></td><td></td><td></td><td></td><td></td><td></td><td></td></tr>
<tr><td>6</td><td></td><td></td><td></td><td></td><td></td><td></td><td></td><td></td></tr>
<tr><td>咨询单位建议</td><td colspan="3"></td><td>建设单位建议</td><td colspan="4"></td></tr>
<tr><td>最终选用材料/设备</td><td colspan="8"></td></tr>
<tr><td>咨询单位</td><td colspan="2"></td><td colspan="2">建设单位</td><td colspan="2"></td><td>时间</td><td>年　月　日</td></tr>
</table>

此外还应密切注意市场行情，及时掌握材料、设备信息价格，对主要材料、设备市场价格波动情况有必要记录，为竣工结算时价格调整积累数据基础。

三、台账管理

工程项目领域实行台账管理制度，各个专业都要建立相应的台账，作为项目管理的重要手段。建立并维护好项目台账是进行全过程造价控制的重要手段。造价管理人员在项目组建初始阶段就应及时建立各类台账，与造价管理有关的台账有：合同台账、工程变更台账、工程款支付台账、结算台账等。通过掌握工程造价动态信息，确保工程造价始终处于可控、能控、在控的良性循环状态。

1. 合同台账

合同台账主要记录总包合同、专业分包合同、甲方平行发包合同的签订情况，如工程范围、合同计价形式、合同价格、工期要求等合同要素内容。合同为全过程造价管理的主要依据，造价管理人员必须熟悉各个合同有关造价管理的条款，如：合同形式（固定价格、可调价格合同）、价格调整方式以及相关罚款及扣款原则等。

2. 工程款支付台账

工程款支付是全过程造价管理的一项常见工作内容，工程款支付的主要依据是施工合同。造价管理人员在收到施工单位的支付申请后，应核实本次申请支付工程的完成情况，经确认全部完成，且施工质量符合合同要求才能支付。支付工程款时要注意多考察施工现场，以事实为准绳进行工程款支付，防止工程款预支付，甚至出现工程未完工程款已支付完的超支现象发生。工程款支付台账能很好地防止超支现象发生，并能合理地控制合同内造价费用。

3. 工程变更台账

一般的建设工程项目工期较长少则一年，多则两年甚至数年，工程项目工期越长不可预控因素就越多，可能发生的工程变更及索赔事件就越多。为了更好地对工程变更签证进行管理，合理地控制合同外费用的发生，应采取有效的措施控制工程变更。对于造价管理人员而言，首先要加强与现场的联系，分析工程变更发生可能导致的经济索赔是否成立；其次，对于成立的工程变更及索赔文件加强审核；最后，要对审核确定的工程变更及费用进行台账登记管理，做到心中有数。一般工程项目结算价款超出概算价，大部分是由于工程洽商、变更、签证等发生较多引起的，这也是全过程造价控制的关键。

4. 工程结算台账

对于总包工程，我们用工程款支付台账控制合同价款的支付，当工程进度款支付最后一次时要进行工程结算（此部分内容见第六章）。过程中很多分包过程已经完成合同要求内容，并且已经办理结算手续。而此部分分包费用，对工程结算也产生很大影响，同时也是考核总包单位完成合同规定的工程内容的重要参考。因此，对于造价管理人员有必要对分包结算工作进行系统管理，建立工程结算台账。

四、工程资料管理

1. 工作日志、月报

造价管理人员应对自己的工作，每天记录工作的内容、所花费的时间以及在工作过程中遇到的问题，解决问题的思路和方法。最好可以详细客观地记录下你所面对的选择、观点、观察、方法、结果和决定，这样每天日事日清，经过长期的积累，才能达到通过工作日志提高自己工作技能的目的。工作日志具有提醒作用、跟踪作用、证明作用，对于造价全过程管理而言具有不可替代的意义。

月报的作用与工作日志类似，主要是对每个月工作情况进行总结与汇报。

2. 收、发文件记录

造价管理过程中接触的工程资料一般与工程费用有关，为了防止文件的丢失，应建立收发文记录明确工程资料在谁手里、谁负责保管的责任。此外，造价管理人员与建设单位、上级领导、施工单位、监理单位的沟通往往需要以工作联系单、函、通知等的方式进行，也需要对此类文件进行首发管理。

3. 会议记录

建设项目工地召开的会议有很多种，如：工程部例会、项目部例会、首次会议、工程例会（总包）准备会、工程例会、图纸会审会、工程专题会议等。造价管理人员要对这些会议有所了解，尤其是涉及费用变化的部分，更有必要对参与的会议进行记录，与会参与方必须对会议确定内容进行签字确认后形成会议记录，此时的会议记录可以作为编制、审核造价成果文件的依据。

4. 其他资料

建设项目全过程造价管理中发生的具有参考价值的资料。

工 程 结 算

本章导读

工程完工后，经过竣工验收合格，下一步就要进行竣工结算了。我们造价人员的工作量又开始进一步加大，面对各种杂乱的工程资料，我们如何编制工程结算？如何进行结算文件的审核？面对结算争议又如何解决？带着这些问题，我们将进入到本章的学习。

竣工结算对于施工单位来说是最终的工程造价，这一步直接关系到建设项目的盈亏状况，而且是需要大家在掌握前几章知识的基础上进行的，因此本阶段造价工作十分重要。对个人而言又是对本项目造价工作的最终总结，对个人能力的提升也具有很大帮助。

第一节　合同的价款调整

〖重要程度〗 ★★★

〖应用领域〗 造价咨询、施工单位

一、工程结算概述

工程结算全名为工程价款的结算，是指施工单位与建设单位之间根据双方签订合同（含补充协议）进行的工程合同价款结算。工程结算又分为：工程定期结算、工程阶段结算、工程年终结算、工程竣工结算。工程建设周期长，耗用资金数大，为使建筑安装企业在施工中耗用的资金及时得到补偿，需要对工程价款进行中间结算（进度款结算）、年终结算，全部工程竣工验收后应进行竣工结算。

工程结算主要包括：竣工结算、分阶段结算、专业分包结算和合同中止结算 4 种形式。

（1）竣工结算。是指建设项目完工并经验收合格后，对所完成的建设项目进行的全面的工程结算。

（2）分阶段结算。是指在签订的施工发承包合同中，按工程特征划分为不同阶段实施和结算。该阶段合同工作内容已完成，经发包人或有关机构中间验收合格后，由承包人在原合同分阶段的价格基础上编制调整价格并提交发包人审核签认的工程价格，它是表达该工程不同阶段造价和工程价款结算依据的工程中间结算文件。

(3) 专业分包结算。在上一章合同管理中已经介绍，这里不做赘述。

(4) 合同中止结算。是指工程实施过程中合同中止，对施工承发包合同中已完成且经验收合格的工程内容，经发包人、总包人或有关机构点交后，由承包人在原合同价格或合同约定的定价条款，参照有关计价规定编制合同中止价格，提交发包人或总包人审核签认的工程价格。它是表达该工程合同中止后已完成工程内容的造价和工程价款结算依据的工程经济文件。

工程结算实际上就是合同价款调整的过程，由于建设工程工期长，施工过程中各种事件交错在一起，使得合同价款调整的因素也比较多。结算时发包人与承包人应当按照合同约定调整合同价款，其调整因素主要有以下 15 种。

(1) 法律法规变化。

(2) 工程变更。

(3) 项目特征描述不符。

(4) 工程量清单缺项。

(5) 工程量偏差。

(6) 物价变化。

(7) 暂估价。

(8) 计日工。

(9) 现场签证。

(10) 不可抗力。

(11) 提前竣工的赶工补偿。

(12) 误期赔偿。

(13) 施工索赔。

(14) 暂列金额。

(15) 发承包双方约定的其他调整事项。

二、合同价款调整处理程序

出现合同价款调增事项（不含工程量偏差、计日工、现场签证、施工索赔）后的 14 天内，承包人应向发包人提交合同价款调增报告并附上相关资料，若承包人在 14 天内未提交合同价款调增报告的，视为承包人对该事项不存在调整价款。

发包人应在收到承包人合同价款调增报告及相关资料之日起 14 天内对其核实，予以确认的应书面通知承包人。如有疑问，应向承包人提出协商意见。发包人在收到合同价款调增报告之日起 14 天内未确认也未提出协商意见的，视为承包人提交的合同价款调增报告已被发包人认可。发包人提出协商意见的，承包人应在收到协商意见后的 14 天内对其核实，予以确认的应书面通知发包人。如承包人在收到发包人的协商意见后 14 天内既不确认也未提出不同意见的，视为发包人提出的意见已被承包人认可。

如发包人与承包人对不同意见不能达成一致的，只要不实质影响发承包双方履约的，双方应实施该结果，直到其按照合同争议的解决被改变为止。

出现合同价款调减事项（不含工程量偏差、施工索赔）后的14天内，发包人应向承包人提交合同价款调减报告并附相关资料，若发包人在14天内未提交合同价款调减报告的，视为发包人对该事项不存在调整价款。

经发承包双方确认调整的合同价款，作为追加（减）合同价款，与工程进度款或结算款同期支付。

三、合同内价款调整

1. 项目特征描述不符

承包人在招标工程量清单中对项目特征的描述，应被认为是准确的和全面的，并且与实际施工要求相符合。承包人应按照发包人提供的工程量清单，根据其项目特征描述的内容及有关要求实施合同工程，直到其被改变为止。

合同履行期间，出现实际施工设计图纸（含设计变更）与招标工程量清单任一项目的特征描述不符，且该变化引起该项目的工程造价增减变化的，应按照实际施工的项目特征重新确定相应工程量清单项目的综合单价，计算调整的合同价款。

2. 工程量清单缺项

合同履行期间，出现招标工程量清单项目缺项的，发承包双方应调整合同价款。

招标工程量清单中出现缺项，造成新增工程量清单项目的，应按照下列规定确定单价，调整分部分项工程费。

(1) 已标价工程量清单中有适用于变更工程项目的，采用该项目的单价；但当工程变更导致该清单项目的工程数量发生变化，且工程量偏差超过15%时，该项目单价的调整应按照“3. 工程量偏差”规定调整。

(2) 已标价工程量清单中没有适用、但有类似于变更工程项目的，可在合理范围内参照类似项目的单价。

(3) 已标价工程量清单中没有适用也没有类似于变更工程项目的，由承包人根据变更工程资料、计量规则和计价办法、工程造价管理机构发布的信息价格和承包人报价浮动率提出变更工程项目的单价，报发包人确认后调整。承包人报价浮动率可按下列公式计算：

招标工程：

承包人报价浮动率 $L=(1-$中标价/招标控制价$)\times100\%$

非招标工程：

承包人报价浮动率 $L=(1-$报价值/施工图预算$)\times100\%$

3. 工程量偏差

合同履行期间，出现工程量偏差，且符合《建设工程工程量清单计价规范》

规定的，发承包双方应调整合同价款。

对于任一招标工程量清单项目，工程量偏差引起的变更参见本书第五章的“四、工程变更索赔”中“5. 计价原则”的相关内容。

如果工程量出现上述变化，且该变化引起相关措施项目相应发生变化，如按系数或单一总价方式计价的，工程量增加的措施项目费调增，工程量减少的措施项目费适当调减。

4. 物价变化

合同履行期间，出现工程造价管理机构发布的人工、材料、工程设备和施工机械台班单价或价格与合同工程基准日期相应单价或价格比较出现涨落，且符合下列两条规定的，发承包双方应调整合同价款。

(1) 合同履行期间人工单价发生涨落的，应按照合同工程发生的人工数量和合同履行期与基准日期人工单价对比的价差的乘积计算或按照人工费调整系数计算调整的人工费。

(2) 承包人采购材料和工程设备的，应在合同中约定可调材料、工程设备价格变化的范围或幅度，如没有约定，则按照上述规定的材料、工程设备单价变化超过 5%，施工机械台班单价变化超过 10%，则超过部分的价格应予调整。该情况下，应按照价格系数调整法或价格差额调整法计算调整的材料设备费和施工机械费。

(3) 承包人在采购材料和工程设备前，应向发包人提交一份能阐明采购材料和工程设备数量和新单价的书面报告。发包人应在收到承包人书面报告后的 3 个工作日内核实，并确认用于合同工程后，对承包人采购材料和工程设备的数量和新单价予以确定；发包人对此未确定也未提出修改意见的，视为承包人提交的书面报告已被发包人认可，作为调整合同价款的依据。承包人未经发包人确定即自行采购材料和工程设备，再向发包人提出调整合同价款的，如发包人不同意，则合同价款不予调整。

5. 暂估价调整

暂估价调整方式分为以下几种情况。

(1) 发包人在招标工程量清单中给定暂估价的材料、工程设备属于依法必须招标的，由发承包双方以招标的方式选择供应商。中标价格与招标工程量清单中所列的暂估价的差额以及相应的规费、税金等费用，应列入合同价格。

(2) 发包人在招标工程量清单中给定暂估价的材料和工程设备不属于依法必须招标的，由承包人按照合同约定采购。经发包人确认的材料和工程设备价格与招标工程量清单中所列的暂估价的差额以及相应的规费、税金等费用，应列入合同价格。

(3) 发包人在工程量清单中给定暂估价的专业工程不属于依法必须招标的，应按照本有关规定确定专业工程价款。经确认的专业工程价款与招标工程量清单中所列的暂估价的差额以及相应的规费、税金等费用，应列入合同价格。

（4）发包人在招标工程量清单中给定暂估价的专业工程，依法必须招标的，应当由发承包双方依法组织招标选择专业分包人，并接受有管辖权的建设工程招标投标管理机构的监督。

（5）除合同另有约定外，承包人不参与投标的专业工程分包招标，应由承包人作为招标人，但招标文件评标工作、评标结果应报送发包人批准。与组织招标工作有关的费用应当被认为已经包括在承包人的签约合同价（投标总报价）中。

承包人参加投标的专业工程分包招标，应由发包人作为招标人，与组织招标工作有关的费用由发包人承担。同等条件下，应优先选择承包人中标。

（6）专业工程分包中标价格与招标工程量清单中所列的暂估价的差额以及相应的规费、税金等费用，应列入合同价格。

6. 计日工

发包人通知承包人以计日工方式实施的零星工作，承包人应予执行。采用计日工计价的任何一项变更工作，承包人应在该项变更的实施过程中，每天提交以下报表和有关凭证送发包人复核。

（1）工作名称、内容和数量。

（2）投入该工作所有人员的姓名、工种、级别和耗用工时。

（3）投入该工作的材料名称、类别和数量。

（4）投入该工作的施工设备型号、台数和耗用台时。

（5）发包人要求提交的其他资料和凭证。

任一计日工项目持续进行时，承包人应在该项工作实施结束后的24小时内，向发包人提交有计日工记录汇总的现场签证报告一式三份。发包人在收到承包人提交现场签证报告后的2天内予以确认并将其中一份返还给承包人，作为计日工计价和支付的依据。发包人逾期未确认也未提出修改意见的，视为承包人提交的现场签证报告已被发包人认可。

任一计日工项目实施结束时，发包人应按照确认的计日工现场签证报告核实该类项目的工程数量，并根据核实的工程数量和承包人已标价工程量清单中的计日工单价计算，提出应付价款；已标价工程量清单中没有该类计日工单价的，由发承包双方按规定商定计日工单价计算。

四、合同外价款调整

1. 法律法规变化

招标工程以投标截止日前28天，非招标工程以合同签订前28天为基准日，其后国家的法律、法规、规章和政策发生变化引起工程造价增减变化的，发承包双方应当按照省级或行业建设主管部门或其授权的工程造价管理机构据此发布的规定调整合同价款。

因承包人原因导致工期延误，且在规定的调整时间在合同工程原定竣工时间之后，不予调整合同价款。

2. 工程变更

工程变更引起已标价工程量清单项目或其工程数量发生变化，参看合同内调整部分。具体内容参见本书第五章“四、工程变更索赔”中的“5. 计价原则”的相关内容。

3. 不可抗力

因不可抗力事件导致的费用，发、承包双方应按以下原则分别承担并调整工程价款。

(1) 工程本身的损害、因工程损害导致第三方人员伤亡和财产损失以及运至施工场地用于施工的材料和待安装的设备的损害，由发包人承担。

(2) 发包人、承包人人员伤亡由其所在单位负责，并承担相应费用。

(3) 承包人的施工机械设备损坏及停工损失，由承包人承担。

(4) 停工期间，承包人应发包人要求留在施工场地的必要的管理人员及保卫人员的费用由发包人承担。

(5) 工程所需清理、修复费用，由发包人承担。

4. 工期奖惩

发包人要求承包人提前竣工，应征得承包人同意后与承包人商定采取加快工程进度的措施，并修订合同工程进度计划。合同工程提前竣工，发包人应承担承包人由此增加的费用，并按照合同约定向承包人支付提前竣工（赶工补偿）费。提前竣工补偿的最高限额为合同价款的5%。此项费用列入竣工结算文件中，与结算款一并支付。

如果承包人未按照合同约定施工，导致实际进度迟于计划进度的，发包人应要求承包人加快进度，实现合同工期。合同工程发生误期，承包人应赔偿发包人由此造成的损失，并按照合同约定向发包人支付误期赔偿费。即使承包人支付误期赔偿费，也不能免除承包人按照合同约定应承担的任何责任和应履行的任何义务。发承包双方应在合同中约定误期赔偿费，明确每日历天应赔额度。除合同另有约定外，误期赔偿费的最高限额为合同价款的5%。误期赔偿费列入竣工结算文件中，在结算款中扣除。

五、其他调整

1. 水电费扣减

施工过程中施工单位的水电费若由建设单位代缴的，工程结算时应按实际使用的水电费金额予以扣减。

2. 质保金

承包人未按照法律法规有关规定和合同约定履行质量保修义务的，发包人有权从质量保证金中扣留用于质量保修的各项支出。

发包人应按照合同约定的质量保修金比例从每支付期应支付给承包人的进度

款或结算款中扣留，直到扣留的金额达到质量保证金的金额为止。

在保修责任期终止后的14天内，发包人应将剩余的质量保证金返还给承包人。剩余质量保证金的返还，并不能免除承包人按照合同约定应承担的质量保修责任和应履行的质量保修义务。

3. 其他事项

发承包双方根据施工过程中发生的有效书面文件，在工程结算中调整结算金额。

六、工程结算价格

发承包双方应在合同中约定最终结清款的支付时限。承包人应按照合同约定的期限向发包人提交最终结清支付申请。发包人对最终结清支付申请有异议的，有权要求承包人进行修正和提供补充资料。承包人修正后，应再次向发包人提交修正后的最终结清支付申请。

发包人应在收到最终结清支付申请后的14天内予以核实，向承包人签发最终结清证书。发包人应在签发最终结清支付证书后的14天内，按照最终结清支付证书列明的金额向承包人支付最终结清款。

若发包人未在约定的时间内核实，又未提出具体意见的，视为承包人提交的最终结清支付申请已被发包人认可。

发包人未按期最终结清支付的，承包人可催告发包人支付，并有权获得延迟支付的利息。

承包人对发包人支付的最终结清款有异议的，按照合同约定的争议解决方式处理。

七、工程结算的意义

工程结算是工程项目承包中一项十分重要的工作，主要表现在以下几个方面。

（1）工程结算是反映工程进度的主要指标。在施工过程中，工程结算的依据之一就是按照已完的工程进行结算，根据累计已结算的工程价款占合同总价款的比例，能够近似反映出工程的进度情况。

（2）工程结算是加速资金周转的重要环节。施工单位尽快尽早地结算工程款，有利于偿还债务，有利于资金回笼，降低内部运营成本。通过加速资金周转，提高资金的使用效率。

（3）工程结算是考核经济效益的重要指标。对于施工单位来说，只有工程款如数地结清，才意味着避免了经营风险，施工单位也才能够获得相应的利润，进而达到良好的经济效益。

第二节　工程结算文件编制与审查

〖重要程度〗 ★★★

〔应用领域〕 造价咨询、施工单位

一、结算编制与审查原则

(1) 平等、自愿、公平和诚实信用的原则。

(2) 在结算编制和结算审查中，专业人员必须严格遵循国家相关法律、法规和规章制度，坚持实事求是、诚实信用和客观公正的原则。拒绝任何一方违反法律、行政法规、社会公德、影响社会经济秩序和损害公共利益的要求。

(3) 结算编制应当遵循承发包双方在建设活动中平等和责、权、利对等原则；结算审查应当遵循维护国家利益、发包人和承包人合法权益的原则。造价咨询单位和造价咨询专业人员应以遵守职业道德为准则，不受干扰，公正、独立地开展咨询服务工作。

(4) 工程造价咨询企业和工程造价专业人员在进行结算编制和结算审查时，应依据工程造价咨询服务台合同约定的工作范围和工作内容开展工作，严格履行合同义务，做好工作计划和工作组织，掌握工程建设期间政策和价款调整的有关因素，认真开展现场调研，全面、准确、客观地反映建设项目工程价款确定和调整的各项因素。

(5) 承担工程结算编制或工程结算审查咨询服务的受托人，应严格履行合同，及时完成工程造价咨询服务合同约定范围内的工程结算编制和审查工作。

(6) 工程结算应严格按工程结算编制程序进行编制，做到程序化、规范化，结算资料必须完整。

(7) 结算编制或审核委托人应与委托人在咨询服务委托合同内约定结算编制工作的所需时间，并在约定的期限内完成工程结算编制工作。

二、工程结算编制、审查依据

(1) 国家有关法律、法规、规章制度和相关的司法解释。

(2) 国务院建设行政主管部门以及各省、自治区、直辖市和有关部门发布的工程造价计价标准、计价办法、有关规定及相关解释。

(3) 施工方承包合同、专业分包合同及补充合同，有关材料、设备采购合同。

(4) 招标投标文件，包括招标答疑文件、投标承诺、中标报价书及其组成内容。

(5) 工程竣工图或施工图、施工图会审记录，经批准的施工组织设计，以及设计变更、工程洽商和相关会议纪要。

(6) 经批准的开、竣工报告或停、复工报告。

(7) 建设工程工程量清单计价规范或工程预算定额、费用定额及价格信息、调价规定等。

(8) 工程预算书。

(9) 影响工程造价的相关资料。

(10) 安装工程定额基价。

（11）结算编制委托合同。

三、结算文件组成

1. 结算编制文件组成

工程结算文件一般由工程结算汇总表、单项工程结算汇总表、单位工程结算汇总表和分部分项（措施、其他、零星）工程结算表及结算编制说明等组成。

工程结算汇总表、单项工程结算汇总表、单位工程结算汇总表应当按表格所规定的内容详细编制。

工程结算编制说明可根据委托工程的实际情况，以单位工程、单项工程或建设项目为对象进行编制，并应说明以下内容。

（1）工程概况。

（2）编制范围。

（3）编制依据。

（4）编制方法。

（5）有关材料、设备、参数和费用说明。

（6）其他有关问题的说明。

工程结算文件提交时，受委托人应当同时提供与工程结算相关的附件，包括所依据的发承包合同调整条款、设计变更、工程洽商、材料及设备定价单、调价后的单价分析表等与工程结算相关的书面证明材料。

2. 结算审查文件组成

工程结算审查文件一般由工程结算审查报告、结算审定签署表、工程结算审查汇总对比表、分部分项（措施、其他、零星）工程结算审查对比表以及结算内容审查说明等组成。

工程结算审查报告可根据该委托工程项目的实际情况，以单位工程、单项工程或建设项目为对象进行编制，并应说明以下内容。

（1）项目概况。

（2）审查范围。

（3）审查原则。

（4）审查依据。

（5）审查方法。

（6）审查程序。

（7）审查结果。

（8）审查结果说明。

（9）有关建议。

结算审定签署表由结算审查受托人填制，并由结算审查委托单位、结算编制人和结算审查委托人签字盖章。当结算审查委托人与建设单位不一致时，按工程造价咨询合同要求或结算审查委托人的要求，确定是否增加建设单位在结算审定签署表上签字盖章。

工程结算审查汇总对比表、单项工程结算审查汇总对比表、单位工程结算审查汇总对比表应当按表格所规定的内容详细编制。

四、结算书编制与审查程序

1. 有关规定

(1) 单位工程竣工结算由承包人编制，发包人审查；实行总承包的工程，由具体承包人编制，在总包人审查的基础上，发包人审查。

(2) 单项工程竣工结算或建设项目竣工总结算由总（承）包人编制，发包人可直接进行审查，也可以委托具有相应资质的工程造价咨询机构进行审查。政府投资项目，由同级财政部门审查。单项工程竣工结算或建设项目竣工总结算经发、承包人签字盖章后有效。

承包人应在合同约定期限内完成项目竣工结算编制工作，未在规定期限内完成的并且提不出正当理由延期的，责任自负。

2. 工程结算编制程序

工程结算应按准备、编制和定稿三个工作阶段进行，并实行编制人、校对人和审核人分别署名盖章确认的编审签署制度。

(1) 结算编制准备阶段。

1) 收集与工程结算编制相关的原始资料。

2) 熟悉工程结算资料内容，进行分类、归纳、整理。

3) 召集相关单位或部门的有关人员参加工程结算预备会议，对结算内容和结算资料进行核对与充实完善。

4) 收集建设期内影响合同价格的法律和政策性文件。

5) 掌握工程项目发承包方式、现场施工条件、应采用的工程计价标准、定额、费用标准、材料价格变化等情况。

(2) 结算编制阶段。根据竣工图及施工图以及施工组织设计进行现场踏勘，对需要调整的工程项目进行观察、对照、必要的现场实测和计算，做好书面或影像记录；按既定的工程量计算规则计算需调整的分部分项、施工措施或其他项目工程量；按招标文件、施工发承包合同规定的计价原则和计价办法对分部分项、施工措施或其他项目进行计价；对于工程量清单或定额缺项以及采用新材料、新设备、新工艺的，应根据施工过程中的合理消耗和市场价格，编制综合单价或单位估价分析表；工程索赔应按合同约定的索赔处理原则、程序和计算方法，提出索赔费用，经发包人确认后作为结算依据；汇总计算工程费用，包括编制分部分项费、施工措施项目费、其他项目费、零星工作项目费或直接费、间接费、利润和税金等表格，初步确定工程结算价格；编写编制说明；计算主要技术经济指标；提交结算编制的初步成果文件待校对、审核。

(3) 结算编制定稿阶段。由结算编制受托人单位的部门负责人对初步成果文件进行检查、校对；工程结算审定人对审核后的初步成果文件进行审定，工程结算编制人、审核人、审定人分别在工程结算成果文件上署名，并应签署造价工程师职业（从业）印章。

3. 结算审核流程

合同工程完工后，承包人应在提交竣工验收申请前编制完成竣工结算文件，并在提交竣工验收申请的同时向发包人提交竣工结算文件。

（1）结算文件提交。承包人未在规定的时间内提交竣工结算文件，经发包人催促后14天内仍未提交或没有明确答复，发包人有权根据已有资料编制竣工结算文件，作为办理竣工结算和支付结算款的依据，承包人应予以认可。发包人应在收到承包人提交的竣工结算文件后的28天内审核完毕。发包人经核实，认为承包人还应进一步补充资料和修改结算文件，应在上述时限内向承包人提出核实意见，承包人在收到核实意见后的14天内按照发包人提出的合理要求补充资料，修改竣工结算文件，并再次提交给发包人复核后批准。

（2）结算文件审核。发包人应在收到承包人再次提交的竣工结算文件后的28天内予以复核，并将复核结果通知承包人。发包人复核结果分为以下三种情况。

1）发包人、承包人对复核结果无异议的，应在7天内在竣工结算文件上签字确认，竣工结算办理完毕。

2）发包人或承包人对复核结果认为有误的，无异议部分按照规定办理不完全竣工结算；有异议部分由发承包双方协商解决，协商不成的，按照合同约定的争议解决方式处理。

3）发包人在收到承包人竣工结算文件后的28天内，不审核竣工结算或未提出审核意见的，视为承包人提交的竣工结算文件已被发包人认可，竣工结算办理完毕。承包人在收到发包人提出的核实意见后的28天内，不确认也未提出异议的，视为发包人提出的核实意见已被承包人认可，竣工结算办理完毕。

在做具体工程结算审核工作时应按准备、审查和审定三个工作阶段进行，在审定阶段实行编制人、审核人和审定人分别署名盖章确认的内部审核制度。

（1）结算审核准备阶段。

1）审查工程结算手续的完备性、资料内容的完整性，对不符合要求的应退回限时补正。

2）审查计价依据及资料与工程结算的相关性、有效性。

3）熟悉送审工程结算资料、招标投标文件、中标预算书、工程发承包合同、主要材料设备采购合同及相关文件。

4）熟悉施工图纸等设计文件、施工组织设计、工程状况，以及设计变更、工程洽商等。

（2）结算审核实施阶段。

1）审查结算项目范围、内容与合同约定的项目范围、内容一致性。

2）审查工程量计算准确性、工程量计算规则与计价规范或定额保持一致性。

3）审查结算单价时应严格执行合同约定或现行的计价原则、方法。对于清单或定额缺项以及新材料、新工艺，应根据施工过程中的合理消耗和市场价格，审核结算单价。

4）审查变更签证凭据的真实性、合法有效性，核准变更工程费用。

5）审查取费标准时，应严格执行合同约定的费用定额标准及有关规定，并审查取费依据的时效性、相符性。

6）编制与结算相对应的结算审核对比表。

（3）结算审定阶段。

1）工程结算审核初稿编制完成后，应召开由委托单位、建设单位、承包（被审查）单位及审查单位共同参加的会议，听取意见，并进行合理的调整。

2）由审查单位的主管负责人审核批准。

3）委托单位、建设单位、承包单位和审查单位应分别在“竣工结算审定签署表”上签认并加盖公章。

4）对结算审核结论有分歧的，应在出具结算审核报告前至少组织两次协调会，凡不能共同签认的，审查受托人可适时结束审查工作，并作出必要说明。

5）在咨询合同约定的期限内，向委托人提交经委托单位、建设单位、承包单位和审查单位共同确认的正式的结算审核报告。审查报告须经结算审核编制人、审核人、审定人共同签署。

6）单项工程竣工后，承包人应在提交竣工验收报告的同时，向发包人递交竣工结算报告及完整的结算资料，发包人应按表6-1的规定时限进行核对（审查）并提出审查意见。

表6-1　　工程竣工结算报告审查时间表

序号	工程竣工结算报告金额	审查时间
1	500万元以下	从接到竣工结算报告和完整的竣工结算资料之日起20天
2	500万～2000万元	从接到竣工结算报告和完整的竣工结算资料之日起30天
3	2000万～5000万元	从接到竣工结算报告和完整的竣工结算资料之日起45天
4	5000万元以上	从接到竣工结算报告和完整的竣工结算资料之日起60天

五、结算争议处理

工程造价咨询机构接受发包人或承包人委托、编审工程竣工结算，应按合同约定和实际履约事项认真办理，出具的竣工结算报告经发、承包双方签字后生效。当事人一方对报告有异议的，可对工程结算中有异议部分、向有关部门申请咨询后协商处理。

发承包双方或一方对工程造价咨询人出具的竣工结算文件有异议时，可向当地工程造价管理机构投诉，申请对其进行执业质量鉴定。工程造价管理机构受理投诉后，应当组织专家对投诉的竣工结算文件进行质量鉴定，并作出鉴定意见。

若不能达成一致的，双方可按合同约定的争议或纠纷解决程序办理，一般按合同条款约定向有关仲裁机构申请仲裁或向人民法院起诉。

第三节　指标数据分析

〖重要程度〗 ★★

〖应用领域〗 造价咨询、建设单位

一、工程数据概述

1. 工程造价指数

工程造价指数是反映一定时期的工程造价相对于某一固定时期的工程造价变化程度的比值或比率。它反映了报告期与基建期相比的价格变动趋势，是调整工程造价价差的依据。包括按单位或单项工程划分的造价指数，按工程造价构成要素划分的人工、材料、机械价格指数等。

2. 工程指标数据

工程指标分为两类：一类是工程含量指标，主要是反映每平方米建筑面积各材料含量，包括钢筋、混凝土、砌块、门窗、抹灰、外墙、地面等的每平方米含量；另一类是工程造价指标，主要是反映每平方米建筑面积造价，包括总造价指标和费用构成指标。是对建筑、安装工程各分部分项费用及措施项目费用组成的分析，同时也包含了各专业人工费、材料费、机械费、企业管理费、利润等费用的构成及占工程造价的比例。

二、工程造价指数

1. 工程造价指数分类

（1）按造价资料期限长短分类。

1）时点造价指数：是不同时点（如 2016 年 9 月 9 日 0 时对上一年同一时点）价格对比计算的相对数。

2）月指数：是不同月份价格对比计算的相对数。

3）季指数：是不同季度价格对比计算的相对数。

4）年指数：是不同年度价格对比计算的相对数。

（2）按照工程范围、类别、用途分类。

1）单项价格指数：是分别反映各类工程的人工、材料、施工机械及主要设备报告期对基期价格的变化程度的指标，如人工费价格指数、主要材料价格指数、施工机械台班价格指数。

2）综合造价指数：是综合反映各类项目或单项工程人工费、材料费、施工机械使用费和设备费等报告期价格对基期价格变化而影响工程造价程度的指标，它是研究造价总水平变化趋势和程度的主要依据，如建筑安装工程造价指数、建设项目或单项工程造价指数、建筑安装工程直接费造价指数、其他直接费及间接费造价指数、工程建设其他费用造价指数等。

(3) 按不同基数分类。

1) 定基指数：是各时期价格与某固定时期的价格对比后编制的指数。

2) 环比指数：是各时期价格都以其前一期价格为基础计算的造价指数。例如，与上月对比计算的指数，为月环比指数。

2. 工程造价指数的编制

(1) 建安工程造价指数。

建安工程造价指数＝人工费指数×基期人工费占建安工程造价比例＋$\sum$（单项材料价格指数×基期该单项材料费占建安工程造价比例）＋$\sum$（单项施工机械台班指数×基期该单项机械费占建安工程造价比例）＋其他直接费、间接费综合指数×基期其他直接费、间接费占建安工程造价比例

其中，各项人工费、材料费、机械费指数的计算均按报告期人工、材料、机械的预算价格与基期人工、材料、机械的预算价格之比进行。

(2) 设备、工器具价格指数一般可按下列公式计算：

设备、工器具价格指数＝$\sum$[报告期设备、工器具单价×报告期购置数量]/[基期设备、工器具单价×报告期购置数量]

(3) 工程建设其他费用指数。可以按照每万元投资额中的其他费用支出定额计算，计算公式为

工程建设其他费用指数＝报告期每万元投资支出中其他费用/基期每万元投资支出中其他费用

(4) 最后经综合得到单项工程造价指数，其计算公式为

单项工程造价指数＝建安工程造价指数×基期建安工程费占总造价的比例＋$\sum$（单项设备价格指数×基期该项设备费占总造价的比例）＋工程建设其他费用指数×基期工程建设其他费用占总造价的比例

3. 工程造价指数的意义

可以利用工程造价指数分析价格变动趋势及其原因。可以利用工程造价指数估计工程造价变化对宏观经济的影响。工程造价指数是工程承发包双方进行工程估价和结算的重要依据。

三、工程指标数据举例

1. 工程量含量指标

以按抗震7度区规则结构设计为例，其工程含量指标如下：

(1) 多层砌体住宅：钢筋30kg/m^2，混凝土0.3～0.33m^3/m^2；

(2) 多层框架：钢筋38～42kg/m^2，混凝土0.33～0.35m^3/m^2；

(3) 小高层11～12层：钢筋50～52kg/m^2，混凝土0.35m^3/m^2；

（4）高层17～18层：钢筋54～60kg/m^2，混凝土0.36m^3/m^2；

（5）高层30层h=94m：钢筋65～75kg/m^2，混凝土0.42～0.47m^3/m^2；

（6）高层酒店式公寓28层h=90m：钢筋65～70kg/m^2，混凝土0.38～0.42m^3/m^2；

（7）别墅混凝土用量和用钢量介于多层砌体住宅和高层11～12层之间。

普通多层住宅楼施工工程量比率指标：

（1）室外门窗（不包括单元门、防盗门）面积占建筑面积0.20～0.24m^2；

（2）模板面积占建筑面积2.2m^2左右；

（3）室外抹灰面积占建筑面积0.4m^2左右；

（4）室内抹灰面积占建筑面积3.8m^2。

2. 各种建筑造价分析

（1）全现浇结构住宅楼：包括建筑、装饰、采暖、给排水（含中水）、消防、通风、照明、动力、消防报警、电梯、可视对讲、有线电视、电话、防雷接地等14个专业。含电梯、消防、通风设备，普通灯具；公共部分粘贴地砖，天棚、墙面刷耐擦洗涂料，普通洁具、喷洒头。外墙外保温粘贴聚苯板，泰柏板隔墙，混凝土为预拌混凝土，土方运距20km以内。每平方米造价1850.98元，其中：建筑工程：1011.17元；电气工程：220.54元；管道工程：316.81元。通风工程：302.46元。

（2）全现浇结构板式小高层住宅楼：包括建筑、装饰、采暖、给排水（冷水、热水、中水、排水、雨水）、消防、照明、动力、弱电、电梯、防雷接地等10个专业。外墙保温聚苯板随混凝土浇注，外墙内保温粘贴水泥聚苯板，单层轻质陶粒混凝土条板隔墙，双侧通常采光井，采暖系统为分户计量，混凝土为预拌混凝土，不含消防报警、配电箱及多功能户门。土方运距5km以内。每平方米造价1442.17元，其中：建筑工程：803.59元；装饰工程：306.62元；电气工程：238.65元；管道工程：81.16元；通风工程：12.15元。

（3）全现浇结构板式住宅楼：包括建筑、装饰、给排水（含泵房）、通风、照明、动力、弱电、电梯、防雷接地等9个专业。公共部分粘贴地砖，天棚、墙面刷耐擦洗涂料，本工程采暖用电膜采暖，只做埋管，外窗为落地窗。含消防、居室门、卫生洁具，混凝土为预拌混凝土，土方运距20km以内。每平方米造价1360.43元，其中：建筑工程：730.56元；装饰工程：174.30元；电气工程：248.45元；管道工程：207.12元。

（4）全现浇结构塔楼：包括建筑、装饰、采暖、给排水、消防、通风、照明、动力、弱电、防雷接地等10个专业。公共部分楼梯间、电梯间地面为水泥砂浆整体面层，天棚、内墙面底层刷耐水腻子，面层擦洗涂料。含给排水、消防、通风设备，不含电梯、卫生洁具，弱电（电视、电话、综合布线）只埋管不穿线。混凝土为预拌混凝土，土方运距5km以内。每平方米造价1383.46元，其中：建筑工程：727.22元；装饰工程：289.87元；电气工程：307.14元；管道工程：55.95元；通风工程：3.28元。

（5）框架-剪力墙结构住宅楼：包括建筑、装饰、采暖、给排水、消防、通风空调、照明、动力、消防报警、综合布线、安全防范、有线电视、防雷接地等13个专业。含热交换站、消防、空调设备，中高档卫生洁具，普通灯具，外窗为落地窗，不含电梯，居室门。公共部分楼梯间、电梯间地面粘贴地砖，天棚做轻钢龙骨装饰石膏板吊顶，外墙外保温粘贴聚苯板，单层轻质陶粒混凝土条板隔墙，混凝土为预拌混凝土，土方运距30km以内。每平方米造价1219.28元，其中：建筑工程：681.99元；装饰工程：264.56元；电气工程：101.69元；管道工程：164.51元；通风工程：6.53元。

（6）框架-剪力墙结构商住楼：包括建筑、装饰、给排水（给水、排水、中水、热水、纯净水）、消防（含消防喷淋系统）、空调、照明、动力、弱电、防雷接地、通风等10个专业。外墙外保温粘贴聚苯板、外墙内保温为水泥聚苯板，增强水泥条板隔墙，外窗为落地窗。本工程不含采暖系统，采用集中空调采暖，含给排水、通风空调、消防设备，普通灯具，普通洁具，不含电梯，外墙玻璃幕。混凝土为预拌混凝土，土方运距20km以内。每平方米造价1870.88元，其中：建筑工程：957.31元；装饰工程：362.70元；电气工程：180.77元；管道工程：165.44元；通风工程：204.66元。

（7）混合结构住宅楼：包括建筑、装饰、采暖、给排水、照明、弱电、防雷接地等7个专业。外墙外保温粘贴聚苯板、外墙内保温粘贴无纸石膏聚苯板复合板，单层轻质陶粒混凝土条板隔墙，阳台不封闭，弱电只埋管不穿线，不含卫生洁具、灯具。混凝土为现场搅拌。每平方米造价2137.44元，其中：建筑工程：1122.43元；装饰工程：396.12元；电气工程：209.34元；管道工程：272.28元；通风工程：137.27元。

四、指标数据的意义

建设工程指标在建设工程造价分析控制方面发挥着越来越重要的作用。在缺乏科学合理建设工程指标体系的情况下，人们往往凭经验来估计、评判、控制工程造价，有很大局限性。建设工程造价指标的正确制定和合理使用对于提高投资估算的准确度、对建设项目的合理评估、正确决策具有重要意义。主要体现在以下几点。

（1）建设前期阶段是投资估算的直接依据。在项目前期阶段，一般包括项目建议书、可行性研究、项目评估、设计任务书等环节，这个阶段通过各阶段对投资的影响可以看出，一般在初步设计结束时，影响投资的程度为75%，而到施工开始前，通过采用有关技术措施节约投资的可能性只有5%～10%，而投资估算是项目立项和审批的重要基础数据，也是立项后投资控制的源头，建设项目投资估算的直接依据就是工程造价指标。

（2）设计阶段是推行限额设计、选择设计方案的重要指标。工程决定建设以后，工程造价的重点就决定于设计阶段。应用工程造价指标，可作为衡量设计方案技术经济合理性和选择最佳设计方案的重要依据，在保证各专业达到使用功能的前提下，分配投资限额控制设计，从而控制总投资限额不被突破。

（3）招标投标阶段和工程施工阶段，是工程预结算的重要参考指标，工程建设项目进入招标投标阶段和工程施工阶段，建设工程投资的绝大部分支出花费。

在这一阶段，对工程预结算准确性要求更高，应用工程造价指标可以在较短时间内对工程造价的准确性做出判断，为在招标阶段确定投标报价，在施工阶段分析工程投资实施的优劣提供参考，对工程造价进行动态控制。

五、指标数据参考表格

工程概况见表 6-2。工程造价指标见表 6-3。各种消耗量指标见表 6-4。主要工程量指标见表 6-5。全过程造价控制指标分析对比见表 6-6。

表 6-2　　工程概况

<table>
<tr><td colspan="2">工程名称</td><td colspan="3"></td><td>工程地点</td><td colspan="3"></td></tr>
<tr><td colspan="2">建筑种类</td><td></td><td>建筑面积</td><td></td><td>结构类型</td><td></td><td>檐高</td><td></td></tr>
<tr><td colspan="2">工程造价</td><td></td><td>单方造价</td><td></td><td>层数</td><td></td><td>层高</td><td></td></tr>
<tr><td colspan="2">价格调整依据</td><td colspan="3"></td><td>编制人</td><td></td><td>审定人</td><td></td></tr>
<tr><td rowspan="4">建筑工程</td><td>基础</td><td colspan="7">（请填写与工程造价密切相关的工程特征，以下同）</td></tr>
<tr><td>主体结构</td><td colspan="7"></td></tr>
<tr><td>屋面及防水</td><td colspan="7"></td></tr>
<tr><td>其他</td><td colspan="7"></td></tr>
<tr><td rowspan="6">装饰工程</td><td>楼地面</td><td colspan="7"></td></tr>
<tr><td>内墙</td><td colspan="7"></td></tr>
<tr><td>外墙</td><td colspan="7"></td></tr>
<tr><td>天棚</td><td colspan="7"></td></tr>
<tr><td>门窗</td><td colspan="7"></td></tr>
<tr><td>其他</td><td colspan="7"></td></tr>
<tr><td rowspan="6">安装工程</td><td>给排水</td><td colspan="7"></td></tr>
<tr><td>采暖</td><td colspan="7"></td></tr>
<tr><td>消防</td><td colspan="7"></td></tr>
<tr><td>强电</td><td colspan="7"></td></tr>
<tr><td>弱电</td><td colspan="7"></td></tr>
<tr><td>其他</td><td colspan="7"></td></tr>
<tr><td colspan="9">备注：</td></tr>
</table>

表 6-3　　　　工程造价指标

项目名称		分部分项工程费	措施项目费	其他项目费	规费税金	其中				占总造价比重（%）	造价指标（元/m^2）
						地下部分（±0.00以下）	地下部分造价指标（元/m^2）	地上部分（±0.00以上）	地上部分造价指标（元/m^2）		
建筑工程											
装饰工程											
安装工程	给排水										
	采暖										
	消防										
	强电										
	弱电										
其他											
合计											

注　本表所填数据请按工程造价金额填写。

表 6-4　　　　各种消耗量指标

名称	人工	钢材	水泥	商品混凝土	沙	木材	砌块	页岩砖	门窗	……
单位	工日	t	t	m^3	m^3	m^3	m^3	千块	m^2	……
数量		（材料数量）								
经济指标		（材料用量/m^2）								

注　本表所填数据请按各材料数量、材料用量/m^2 填写。

表 6-5　　　　主要工程量指标

名称	砌筑工程	混凝土及钢筋混凝土工程	屋面及防水工程	楼地面	天棚面	门窗	内墙面	外墙面	……
单位	m^3	m^3	m^2	m^2	m^2	m^2	m^2	m^2	……
数量	（工程数量）								
经济指标	（工程量/m^2）								
备注：									

注　本表所填数据请按各项内容所需工程数量、工程量/m^2 填写。

表 6-6　　全过程造价控制指标分析对比

名称	概算造价（1）	招标控制价/标底（2）	中标价（3）	签约合同价（4）	竣工结算价（5）	备注
工程造价（元）						
经济指标（元/m^2）						

造价小故事

韩国围棋世界冠军李世石与人工智能程序“阿尔法围棋”的对抗赛 2016 年 3 月 9 日在韩国首都首尔打响。2016 年 3 月 9 日，李世石在第一场对战中败给了 AlphaGo；3 月 10 日下午，第二场对战中 AlphaGo 执黑战胜李世石，五番棋 2-0 领先；3 月 12 日下午，第三场对战中 AlphaGo 执白战胜李世石；3 月 13 日下午，李世石出现“神之一手”，第四局战胜 AlphaGo；3 月 15 日，AlphaGo 战胜李世石，总比分定格在 1 比 4。

人工智能的出现和使用改变了人的思维能力，减少了劳力，人工智能的胜出，也是科技进步的胜出。但是仔细分析对战双方，我们可以看出人类解决问题是靠直觉和经验来做出判断的，而直觉和经验是靠实践来获得的；人工智能不一样，全部依靠所有数据的推算得出结论。

通过人机大战可以看出大数据的重要性，人工智能可以不用经验也不需要直觉，直接导入所有的棋谱，通过后台运算得出数据，这就需要科技的创新与技术的进步才能不停地跟上时代的节奏和步伐。

作为造价行业，只需要植入同样的一些数据和历史的经验值，所有的工作就将不再是问题了，出结果的时间可能只是分分钟钟，从时代进步来看这不失为一种前进。

第四节　工程造价档案管理

〖重要程度〗 ★

〖应用领域〗 造价咨询

一般工程项目竣工结算完成后，即意味着造价工作告一段落，但是并不意味该项目造价工作彻底结束。为进一步提高造价管理工作，强化造价成果文件质量，降低造价管理风险，保证造价咨询资料的完整性、统一性、实用性，应对项目造价文件进行整理、归档。

一、造价咨询档案分类

工程造价咨询档案是指从接受委托、调研、取证、编审、合议、复核、审批到出具报告书全过程中形成的具有查考和保存价值的文件和材料。工程造价咨询档案分为成果文件和过程文件两类。

1. 成果文件

成果文件包括工程造价咨询企业出具的投资估算、设计概算、施工图预算、工程量清单、招标控制价、工程计量与支付、竣工结算、竣工决算编制与审核报告以及工程造价鉴定意见书等。

2. 过程文件

过程文件应按照造价咨询项目的类别各自制定文件目录。主要包括：委托服务合同，工程施工合同或协议书，补充合同或补充协议书，中标通知书，投标文件及其附件，招标文件及招标补遗文件，竣工验收报告及完整的竣工验收资料，工程结算书及完整的结算资料，图纸会审记录，工程的洽商、变更、会议纪要等书面协议或文件，过程中甲方确认的材料、设备价款、甲供材料、设备清单，承包人的营业执照及资质等级证书等。

二、工程造价咨询档案业务组织

工程造价咨询档案归档材料应按照造价咨询业务操作的业务准备、业务实施及业务终结三个阶段进行，每个阶段按咨询成果文件、咨询过程文件、咨询其他文件分类进行组织。

1. 业务准备阶段归档材料

（1）工程造价咨询合同及廉政协议书。

（2）工程造价咨询资料交接清单。

（3）造价咨询实施方案。

（4）项目操作人员配置一览表。

（5）项目建议书、可行性研究报告或批件、投资估算。

（6）初步设计文件、设计方案、设计概算及修正概算。

（7）施工图预算书。

（8）送审的投资估算、设计概算、施工图预算书。

2. 业务实施阶段归档材料

（1）招标工程量清单、招标控制价、设计交底纪要、工程招标文件、招标答疑。

（2）清标报告及其附属表格。

（3）中标通知书、中标单位投标文件（含投标报价）。

（4）工程承包合同、补充协议。

（5）建设工程项目造价管理会议记录、工作联系单、文函。

（6）施工现场勘查记录表。

（7）工程材料设备询价单。

（8）设计变更、工程洽商、工程签证。

（9）甲供材料、设备明细单。

（10）其他影响工程造价的有关咨询资料：各种调查材料、采集数据、取证资料等。

3. 业务终结阶段归档材料

（1）建设工程造价咨询报告书。

（2）工程结算书原稿、工程结算书审定稿、结算审核报告。

（3）与咨询成果文件相关的计算底稿。

（4）成果文件交付登记表及签收单。

（5）指标分析数据、各类台账。

（6）造价咨询项目征询意见回访记录表。

（7）工程施工图和竣工图一般不纳入造价咨询归档范围，可用图纸目录形式归档。

三、文件整理、归档

1. 文件整理

（1）纸版文件。归档纸版文件分为纸版原件和纸版复印件，归档文件尽可能采用纸版原件文件。文件的整理装订，具体见《造价咨询成果文件标准格式及装订方式规定》，以及《咨询档案管理暂行规定》。

（2）电子版文件。造价咨询归档文件除以纸面形式存档，还需以电子版形式存入专用电脑或光盘、U盘、移动硬盘等电子存储介质中。电子版文件必须与纸版文件保持一致，存入同一档案。

2. 档案资料封面

（1）咨询企业全称。

（2）咨询业务类别：

（A类）建设项目可行性研究投资估算的编制、审核及项目经济评价报告；

（B类）建设工程设计概算、施工图预算、竣工结（决）算的编制与审核；

（C类）建设工程工程量清单、招标控制价、投标报价的编制与审核；

（D类）工程洽商、设计变更、工程签证及合同争议的鉴定与索赔；

（E类）编制工程造价计价依据、建设项目全过程造价管理及提供工程造价信息资料等。

（3）业务资料标题：指咨询项目的全称。

（4）归档时间：指卷内文件材料所属的起止年月。

（5）保管期限：按有关规程执行。

（6）件、页数："件"指卷内文件材料的总件数；"页数"指卷内文件材料的总页数。

（7）归档号：可按档案立卷年份＋分类代码＋流水号组合成归档号。

3. 卷内目录

（1）序号：以卷内文件排列先后顺次填写序号。

（2）文件字号：文件制发单位的发文字号。

（3）文件作者：文件制发单位或个人。

（4）文件名称：即文件的标题。文件没有标题或标题不能说明文件内容的，可自拟标题，但需外加“〈〉”号。

（5）归档时间：文件归档的年、月、日。

（6）页号：卷内文件所在之页的页码。

（7）备注：留待对卷内文件变化时作说明及引索之用。

四、档案管理

（1）对归档文件中涉及商业秘密的，应严格保守秘密。

（2）下列情况应当允许查阅。

1）公司内部人员按规定流程查阅，具体见《咨询档案管理暂行规定》。

2）法院、检察院及国家其他部门依法查阅，并按规定办理了有关手续。

3）工程造价咨询协会对执业情况进行检查。

4）经委托人同意，被咨询单位的后任咨询单位。

5）本公司认为合理的其他情况。

6）查阅业务档案应在档案室就地监视下查阅，不得带出查阅，需复制或带离使用的应经公司总经理批准。

（3）保存期限。工程造价技术档案过程文件自归档之日起，保存期为5年；成果文件自归档之日起保存期为10年。

工程造价其他业务

本章导读

通过对前面六章的学习，我们对施工单位、咨询单位、建设单位的造价岗位工作有了一定的认识。但是造价工作领域不仅限于此，还有许多领域造价专业人员稍加培训点拨也可以胜任。本章将逐渐拓宽造价工作范围，陆续介绍在司法鉴定、工程审计、PPP模式下造价管理等不同领域的应用。通过本章的学习，我们对造价的认识将更加全面。

第一节　工程造价鉴定

〖重要程度〗★

〖应用领域〗造价咨询

一、造价鉴定概念

建筑工程是一种特殊的产品，纠纷产生的原因很多，导致了工程造价司法鉴定的复杂性。建筑市场承包商之间竞争十分激烈，垫资承包、阴阳合同、拖欠工程款、现场乱签证、工程质量低劣等社会现象在诉讼活动中全部折射出来，鉴定难度大。近几年来，因建筑工程造价纠纷问题而引起的民事诉讼案件逐年增多，因而也就出现了诉讼中的工程造价司法鉴定问题。

工程造价司法鉴定是指依法取得有关工程造价司法鉴定资格的鉴定机构和鉴定人受司法机关或当事人委托，依据国家的法律、法规以及中央和省、自治区及直辖市等地方政府颁布的工程造价定额标准，针对某一特定建设项目的施工图纸及竣工资料来计算和确定某一工程价值并提供鉴定结论的活动。

工程造价司法鉴定既是工程造价咨询业务技术性工作，同时也是司法审判工作的重要证据，因此，工程司法鉴定的工作程序必然具有两者结合的特点。

二、工程造价鉴定的委托和受理

1. 委托主体、委托方式及内容

委托主体有各级司法机关、公民、法人和其他组织。目前，各级人民法院、仲裁委员会作为委托主体的比较普遍。

委托方式一般采用委托书，委托书采取书面形式。

委托内容包括受委托单位名称、委托事项、鉴定要求（包括鉴定时限）、简要案情、鉴定材料。

2. 对送鉴材料的要求

(1) 诉讼状与答辩状等卷宗。

(2) 工程施工合同、补充合同。

(3) 招标发包工程的招标文件、投标文件及中标通知书。

(4) 承包人的营业执照、施工资质等级证书。

(5) 施工图纸、图纸会审记录、设计变更、技术核定单、现场鉴证。

(6) 视工程情况所必须提供的其他材料。

司法机关委托鉴定的送鉴材料应经双方当事人质证认可，复印件由委托人注明与原件核实无异。

其他委托鉴定的送鉴材料，委托人应对材料的真实性承担法律责任。

送鉴材料不具备鉴定条件或与鉴定要求不符合，或者委托鉴定的内容属国家法律法规限制的，可以不予受理。

3. 受理主体、受理方式

受理主体为法律法规明确规定可以从事司法鉴定工作的机构。如果省人大批准实施的建筑市场管理条例中明确规定，该省市工程造价管理部门应当对工程造价争议进行调解和鉴定，那么，这些省及省直辖市的工程造价管理部门，就属于地方法规已明确规定可以从事工程造价司法鉴定的机构。有工程造价咨询资质的中介机构，经司法部门认可，取得司法鉴定资格或批准入册的也可以从事工程造价司法鉴定。

工程造价司法鉴定的受理，必须以工程造价司法鉴定机构的名义接受委托。鉴定机构在接受委托书后，对符合受理条件的应及时决定受理。不能及时受理的，应在 7 天内对是否受理作出决定。

凡接受司法机关委托的司法鉴定，只接受委托人的送鉴材料，不接受当事人单独提供的材料。

不属于司法机关委托的司法鉴定，委托方和受理方应签订《司法鉴定委托受理协议》。

三、造价鉴定的实施

工程造价司法鉴定的基本程序可分为两个基本阶段：第一阶段以委托和受理为开端，到出具司法鉴定初稿结束。司法鉴定人的主要任务是收集工程造价鉴定计算的事实依据，依据有效的证据进行专业鉴定计算。第二阶段从当事人对司法鉴定初稿提出书面异议开始，到庭审质证后结束。其主要目的是通过当事人对鉴定报告提出异议，解决工程造价依据的事实问题、计算准确性问题、适用的规范问题，司法鉴定人在充分听取当事人的申辩及对报告异议的基础上，根据委托鉴定的内容，对鉴定报告初稿进行修改，出具工程造价司法鉴定报告。

第一阶段具体程序如下。

（1）接受鉴定委托、受理委托后确定工程造价司法鉴定人员。

（2）查阅案卷。查阅案卷是进行工程造价司法鉴定的首要工作。在一般的建筑工程造价审计中，结论大多是固定格式化的，而在司法鉴定中的工程造价问题都具有特殊性和个别性，只有在深入了解案卷的基础上，才能有正确的思路，明确争诉的焦点，为鉴定工作的开展奠定基础。

（3）召开当事人会议，并做好询问笔录（若当事人申请鉴定人回避，则重新确定工程造价司法鉴定人员）。

（4）现场勘探、证据调查。这是工程造价司法鉴定中的一个重要环节，它直接影响鉴定结果的正确性。对一些在案件上无法真实反映的工程事实，鉴定人必须到现场勘探、调查，并做好相关记录，可辅之以拍照、录像等方式。若鉴定人对鉴定中有质疑问题，向当事人发出询证函，并要求在规定期限内答复。

（5）工程量计算、定额套用、费用计取和造价计算。

（6）出具司法鉴定初稿。

第二阶段具体程序如下。

（1）当事人对司法鉴定初稿提出书面异议。

（2）听证质疑（当事人提出异议主张及证据，并对其进行申辩陈述）。司法鉴定人应全面认真听取当事人的异议、反驳申辩理由，并做好相应的记录。

（3）工程造价司法鉴定人员对鉴定初稿进行审查修改。

（4）出具鉴定报告。

（5）庭审质证。出庭质证是鉴定人的基本义务，也是力求使司法机关采信鉴定结论的过程。在庭审过程中，针对当事人对鉴定报告的异议，鉴定人应当庭出示在鉴定过程中使用的法律、法规、依据，支持鉴定结论的成立。经法庭质证后，若鉴定结论不被采信的，鉴定人应当尊重司法机关的采信权；对在庭审中出现的新的鉴定证据，鉴定人应尽快作出补充鉴定结论。

四、造价鉴定意见书

造价鉴定意见书是工程造价司法鉴定实施的最终结果，是委托人要求提供的重要诉论证据，因此司法鉴定文书必须概念清楚、观点明确、文字规范、内容翔实。

1. 鉴定意见书内容

（1）基本情况。主要介绍建筑工程概况、施工合同及招标投标情况，造价纠纷的原因，委托方及委托鉴定的要求等。

（2）鉴定流程。主要介绍鉴定工作基本流程及事项，如：

2016 年×月×日，收到××××人民法院鉴定委托函和鉴定相关资料；

2016 年×月×日，由承办法官组织，鉴定单位与原被告双方共同进行了现场勘察，此日期是鉴定基准日；

2016年×月×日至×年×月×日，根据双方当事人提交资料和现场勘察记录，经过仔细分析、计算、核对形成鉴定意见书初稿并提交双方当事人；

2016年×月×日至×年×月×日，经与双方当事人联系沟通后，形成本鉴定意见书。

（3）鉴定依据。详细地列出鉴定所依据的基础资料，如施工合同、施工图纸、设计变更、现场签证、执行的计价依据、材料价格、现场勘验记录、案情调查会议纪要等。

（4）鉴定说明。即鉴定依据的说明，如采用的定额、取费类别、材料价格、施工形象进度等；对有争议部分的实质性问题，根据送鉴材料、现场勘验记录和有关政策规定客观地评价当事人双方各自应承担的责任。

（5）争议费用说明。原告主张的部分费用，因当事人未提供图纸等相关资料（视案件情况具体描写），不具备鉴定条件，鉴定结论中按原（被）告主张金额列为争议项目。

（6）鉴定结论意见。根据鉴定要求，明确列出属于鉴定范围内的工程造价鉴定结论，并列出适合各专业造价、单方造价、主要材料消耗量的鉴定造价汇总表。

（7）其他必要的附件，如现场勘验的照片、勘验记录等。

2. 文书的出具

正式鉴定文书用A4纸打印后装订成册。封面和鉴定报告的落款处加盖工程造价司法鉴定机构的印鉴；在工程造价鉴定书上加盖第一鉴定人、第二鉴定人和复核人的印鉴。

正式鉴定文书一般一式四份，分别由委托人、当事人双方、鉴定人各执一份。

第二节 工 程 审 计

〖重要程度〗 ★

〖应用领域〗 造价咨询

一、工程审计业务概述

工程审计是依据国家《审计法》等相关规定，对工程概、预算在执行中是否超支，有无隐匿资金、截留基建收入和投资包干结余，以及有无以投资包干结余的名义私分基建投资的违纪行为等。审计是以基建项目为标的，以会计师、审计师为主要从业人员。工程审计包括工程造价审计和竣工财务决算审计两大类型。

工程造价审计一般是对单项、单位工程的造价进行审核，其审计过程与乙方的决算编制过程基本相同，即按照工程量套定额。这由造价工程师完成。

对于建设单位来说，由于造价审计只是审核单项、单位工程的合同造价，一个建设项目的总的支出是由很多单项、单位工程组成的，而且还有很多支出比如前期开发费用、工程管理杂费等是不需要造价审计的，所以还要有一个竣工财务决算审计，就是将造价工程师审定的，和未经造价工程师审核的所有支出加在一起，审查其是否有不合理支出，是否有挤占建设成本和计划外建设项目的现象等，来确定一个建设项目的总的造价。这由注册会计师完成。

二、审计准备工作

(1) 接受审计任务，了解项目工程概况及外围情况，确定服务指导思想，查阅并收集该项目有关资料，按实际情况重点收集与审计项目相关的政府政策、法规、规范文件、市场价格信息等资料。

(2) 对被审计单位进行审前调查，审前调查应包含以下几点。

1) 项目立项依据、概算批复、投资建设资金来源、建设规模、建设期等情况。

2) 建设项目设计、监理、施工、物资采购等招标投标情况。

3) 征地拆迁实施情况及资金安排情况。

4) 建设单位内控制度建立、实施情况。

5) 监理、设计、施工管理制度及工作情况。

6) 工程进度、工程计量支付。

7) 资金到位情况及工程价款支付、待摊投资、建设管理费、购置固定资产等支付情况。

8) 以前接受审计情况等。

(3) 确定审计工作内容、对象及重点，起草工程审计工作实施方案，方案中应包括以下内容。

1) 审计工作目标。

2) 编制依据。

3) 审计范围与对象。

4) 审计内容与重点。

5) 审计组人员分工及时间安排。

6) 关键审计步骤和审计方法。

7) 风险控制方案。

8) 预定审计工作起止时间以及提供阶段性审计报告时间等。

(4) 确定项目工程审计实施方案，核定审计人员及工作方案，同时联系委托方进行审前准备。

三、审计实施

审计工作实施步骤如图 7-1 所示。

四、项目各阶段审计内容

1. 立项阶段

审查投资立项前期决策程序的合规性；审查可行性研究报告的真实性，包括市场预测方法与数据的合理性、真实性，估算的历史价格、成本水平的真实性等；对可行性研究报告的完整性进行审核，与《投资项目可行性研究指南》对比，审

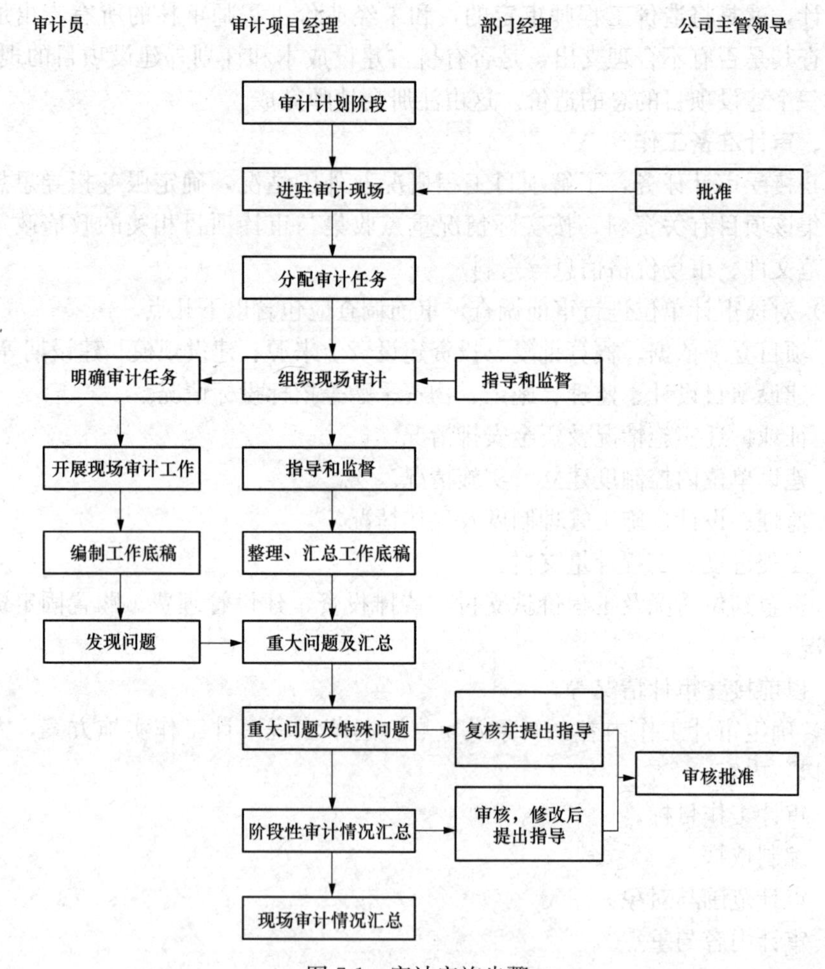

图 7-1　审计实施步骤

核内容是否齐全；对可行性研究报告的科学性进行审计，对参与机构及人员的资质，资料来源，资源配备，是否多方案决策，是否符合国家政策进行审核；对可行性研究报告投资估算与资金筹措进行审计；对可行性研究报告财务评价审计；对委托单位的内部控制进行审计，其内部组织机构及相关权责是否健全；委托单位的工作制度及工作流程是否完备；对项目投资估算进行审核，具体审核投资匡算、估算的依据；审核投资匡算、估算的准确性是否到位。

2. 设计阶段

（1）对勘察设计管理进行审计。

1）对勘察设计单位选择方式的审计。

2）审计勘察设计单位及从业人员资质。

3）对设计、勘察合同的审计。

4）对设计勘察内容、收费的审计。

5）对勘察范围、深度、质量的审计。

6）对设计任务书的审计。

7）对初步设计的审计。

8）对施工图设计的审计。

9）对设计变更管理的审计。

10）对设计资料管理的审计。

（2）对设计概算进行审核。

1）检查概算编制依据的合法性等。

2）检查建设单位组织概算会审的情况。

3）检查概算文件、概算的项目与初步设计方案的一致性。

4）检查计价方式方法的合理性。

5）检查初步设计概算费用构成的完整性与编制深度。

6）检查概算计算的准确性，各项综合指标和单项指标与同类工程技术经济指标对比是否合理，有无重复及漏计。

3. 项目开工阶段

（1）招标管理审计。

1）招标条件审计：关注施工图纸深度、初步设计是否审批、资金是否落实等。

2）审计设计、施工、监理有无公开招标；有无肢解工程、规避招标投标行为。

3）招标前准备工作审计：招标内控体系建立情况；招标代理；调研；招标公告。

4）招标文件、控制价的审计：内容是否合法、完整；标的物描述明确；清单及控制价编制是否准确。

5）评标、开标、定标审计：评标标准；开标程序；评标程序；定标程序。

（2）合同管理审计。

1）审计合同管理体系是否完备，关注：部门、岗位、制度、流程、台账等。

2）审计合同主体的资质与履约能力。

3）审计合同条款有无实质性违背招标文件的相关约定。

4）审计合同文本是否合适，条款是否完整、严谨。着重：合同文本选择；施工范围；工期；质量；工程结算方式；变更洽商与索赔；业主免责条款；对承包商约束条款；技术措施费；总包管理费；履约保函与预付款保函；进度付款比例。

（3）工程量清单与控制价审计。

1）工程量清单的完整性、规范性。

2）工程量的准确性及完整性。

3）分部分项特征描述的全面性、准确性、规范性。

4）暂列金额、暂估专业工程、暂估材料设备的合理性。

5）控制价计价书编制依据是否符合时效性、合规性。

6）控制价计价书的编制的完整性。

7）人工、材料、机械、设备价格的合理性。

8）措施性费用的合理性。

9）管理费、利润、风险、规费及税金费率的合理性。

（4）其他开工前审计。

1）审查建设用地规划许可证、建设工程规划许可证、建设工程开工证（建筑工程施工许可证）、工程质量监督注册登记的办理情况。

2）审查在开工建设前申办施工许可证的情况，且有无办理质量、安全监督等报建手续。

3）审查国有土地证明文件（建设用地批准书、固有土地使用证、原土地使用证明）、房屋拆迁许可证。

4）工程前期费用审计；审查有无“三边”工程等违规现象。

4. 施工阶段

（1）工程管理进度审计。

1）检查建设单位是否制定进度计划并督促相关各方有效落实。

2）检查开工是否延迟及原因分析。

3）检查现场工程进展是否滞后及其原因分析。

4）检查是否保持对工程进度的关注，并采取必要措施保障进度计划的执行。

（2）工程管理质量审计。

1）工程质量保证体系（政府、业主、企业）。

2）施工图设计交底及图纸会审。

3）隐蔽工程验收。

4）物资材料验收。

5）成品、半成品验收。

6）工程资料管理。

7）现场人员资质管理。

8）有无违法转包、分包及再分包的情况。

（3）工程监理审计。

1）是否执行监理制度。

2）监理单位资质是否具备。

3）监理收费是否合理。

4）监理合同是否规范。

5）监理规划有无。

6）监理人员资质与数量是否到位。

7）监理档案（日志、旁站记录、月报、验收记录）是否齐全。

8）监理“三控”执行情况。

（4）工程财务审计。

1）审计财务制度建立情况。

2）审计资金来源与使用情况。

3）审计合同支付情况。

4）审核各种税费缴纳情况。

5）审核账务处理与会计核算情况。

（5）物资管理审计。

1）审计物资采购计划制订：计划用量；采购时间；质量要求、计划采购方式。

2）物资采购审计：公开招标、邀请招标、询价；合同签订。

3）审计物资催交、监造审计。

4）审计物资验收。

5）审计物资入库。

6）审计物资保管：物资代保管，物资台账；物资盘点。

7）审计物资出库：领用审批，退库，扣款。

8）其他相关业务的审计：物资现场管理，废旧包装物的管理。

（6）施工阶段造价审核。

1）施工过程投资控制制度、流程的健全性：设计变更管理、工程计量、资金计划及支付、索赔管理、合同管理等。

2）预付款、进度款的支付是否符合合同规定。

3）设计变更是否合理，审批是否规范。

4）是否建立现场签证和隐蔽工程管理制度，执行是否有效。

5）是否及时办理工程中间结算。

（7）工程变更管理的注意事项：

1）规范变更工作程序、表单，形成内部监督机制。

2）建立工程变更限额管理制；重大变更的评审制。

3）及时处理变更，合理计算变更价款。

4）严格审核变更的合理性；对于承包商提出的对双方有益的变更的合理化建议予以奖励。

5）对承包商提出的变更项目，特别是新设备材料，或采用的新工艺、新技术严加审查，确定是否确实有利于工程质量或安全。

6）做好概算与合同调整价格对比、合同价与合同调整价对比，保证分项工程造价处于受控状态。

7）必须变更的项目，尽量提前在施工前确定，防止拆除造成浪费，同时避免索赔。

8）建立变更台账，变更记录详细，变更原因、背景、时间、参与人、工程部位、提出单位。

9）注意变更是否实施。注意变更拆除材料是否回收作价处理。

10）变更项目如取消或调减，要扣减相应费用。

5. 竣工阶段

（1）竣工验收管理审计。

1）竣工验收审计：竣工验收人员构成；项目是否符合图纸及规范要求；监理、施工单位的竣工资料是否齐全；保修协议与费用；有无弄虚作假行为。

2）试运行情况的审计：检查建设项目完工后所进行的试运行情况，对运行中暴露出的问题是否采取了补救措施；检查试生产产品收入是否冲减了建设成本。

（2）工程结算审核。

1）理清各承包商的施工范围与相互关系。

2）审核确定结算原则。

3）确认相关文件的有效性。

4）检查隐蔽验收记录。

5）审核工程数量及单价。审核工程费用计取。

6）检查消除计算误差。

（3）工程决算审计。

1）审核竣工决算编制环境：审批程序是否完成、结算审核是否完成、未完工程数量所占比例。

2）审核竣工决算报表的准确性、合理性：审核《竣工工程概况表》《交付使用资产明细表》。

3）概算执行情况分析：分析投资支出偏离设计概算的主要原因。

4）审查建设项目结余资金及剩余设备材料等物资的真实性和处置情况。

五、审计成果文件组成

根据审计署6号令《审计机关审计项目质量控制办法（试行）》，审计证据、审计日记和审计工作底稿是审计质量控制体系中三个重要环节，也是审计人员现场审计的载体。

1. 审计证据

审计证据是审计机关和审计人员获取的用以说明审计事项真相，形成审计结论基础的证明材料，审计取证材料样表见表7-1。

2. 审计工作底稿

审计工作底稿包括造价审计底稿、合同审计底稿、招标投标审计底稿、审计取证等。审计工作底稿样表见表 7-2。

表 7-1　　审计取证材料

<table>
<tr><td colspan="5">审计取证材料</td></tr>
<tr><td>被审计单位名称</td><td colspan="4"></td></tr>
<tr><td>审计事项</td><td colspan="4"></td></tr>
<tr><td>实施审计期间或截止日期</td><td colspan="4">年　月　日　至　年　月　日</td></tr>
<tr><td rowspan="2">审计事项
摘要</td><td colspan="4"></td></tr>
<tr><td>审计人员</td><td></td><td>编制日期</td><td>年　月　日</td></tr>
<tr><td rowspan="2">被审计单位意见（签章）</td><td colspan="4"></td></tr>
<tr><td>被审计单位负责人</td><td></td><td>日期</td><td></td></tr>
</table>

表 7-2　　审计工作底稿

<table>
<tr><td colspan="4">审计工作底稿</td></tr>
<tr><td>审计项目</td><td colspan="3"></td></tr>
<tr><td>被审计单位名称</td><td colspan="3"></td></tr>
<tr><td>审计事项</td><td colspan="3"></td></tr>
<tr><td>会计期间或者截止日期</td><td colspan="3"></td></tr>
<tr><td>审计人员</td><td></td><td>编制日期</td><td>年　月　日</td></tr>
<tr><td>审计结论
或者审计
查出问题
摘要及其
依据</td><td colspan="3"></td></tr>
<tr><td>复核意见</td><td colspan="3"></td></tr>
<tr><td>复核人员</td><td></td><td>复核日期</td><td></td></tr>
</table>

共××页　第××页　　　附件（共××页）

3. 审计日记

记录审计工作日常事务，审计日志样表见表 7-3。

表 7-3　　审计日志

<table>
<tr><td colspan="4">审计日记</td></tr>
<tr><td>审计项目</td><td colspan="3"></td></tr>
<tr><td>审计人员</td><td></td><td>审计分工</td><td></td></tr>
<tr><td>日期</td><td colspan="2">审计工作具体内容</td><td>备注</td></tr>
<tr><td>年　月　日</td><td colspan="2"></td><td></td></tr>
</table>

共××页　第××页

4. 审计报告

定期或项目结束时对审计项目整体性报告。

5. 过程文件

为更好地完成审计工作所做的台账、数据指标、会议记录等工作。

6. 其他

向委托方提出建议，为委托方节约成本、规范流程。

第三节　PPP 模式下造价管理

〖重要程度〗 ★

〖应用领域〗 造价咨询、政府部门、建设单位、施工单位

一、PPP 模式简介

为什么实行 PPP？对政府而言：解决政府财力紧张，无充足资金投入基础设施建设的难题。对私人而言：为私人资本开阔了更广泛的投资渠道。我国 PPP 发展历程如图 7-2 所示。

早期 PPP 模式，又称为公私合营模式，即 Public-Private-Partnership 的字母缩写，起源于英国的“公共私营合作”的融资机制，是指政府与私人组织之间，为了合作建设城市基础设施项目，或是为了提供某种公共物品和服务，以特许权协议为基础，彼此之间形成一种伙伴式的合作关系，并通过签署合同来明确双方的权利和义务，以确保合作的顺利完成，最终使合作各方达到比预期单独行动更为有利的结果。

2014 年 9 月，财政部《关于推广运用政府和社会资本合作模式有关问题的通知》（财金〔2014〕76 号文）对 PPP 的定义：政府和社会资本合作模式（Public-Private Partnership，PPP）是在基础设施及公共服务领域建立的一种长期合作关系。通常模式是由社会资本承担设计、建设、运营、维护基础设施的大部分工作，并通过“使用者付费”及必要的“政府付费”获得合理投资回报；政府部门负责

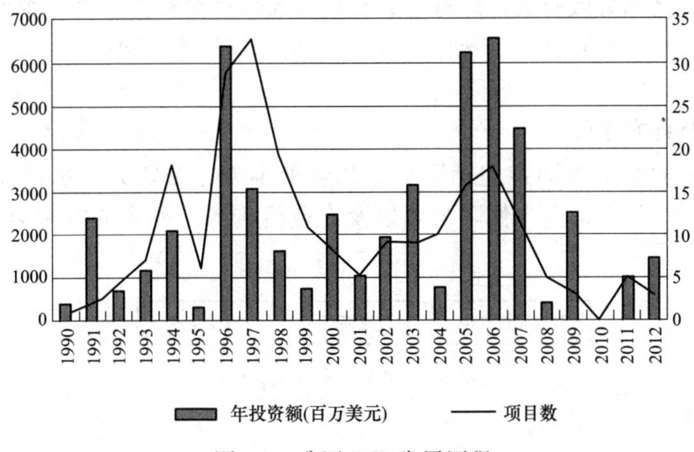

图 7-2　我国 PPP 发展历程

基础设施及公共服务价格和质量监管，以保证公共利益最大化。

狭义的 PPP 可以理解为一系列项目融资模式的总称，包含 BOT、TOT、DBFO 等多种模式。狭义的 PPP 更加强调合作过程中的风险分担机制和项目的衡工量值（Value For Money）原则。广义的 PPP 泛指公共部门与私人部门为提供公共产品或服务而建立的各种合作关系。

广义 PPP 可以分为外包、特许经营和私有化三大类，其中：

（1）外包类。PPP 项目一般是由政府投资，私人部门承包整个项目中的一项或几项职能，如只负责工程建设，或者受政府之托代为管理维护设施或提供部分公共服务，并通过政府付费实现收益。在外包类 PPP 项目中，私人部门承担的风险相对较小。

（2）特许经营类。项目需要私人参与部分或全部投资，并通过一定的合作机制与公共部门分担项目风险、共享项目收益。根据项目的实际收益情况，公共部门可能会向特许经营公司收取一定的特许经营费或给予一定的补偿，这就需要公共部门协调好私人部门的利润和项目的公益性两者之间的平衡关系，因而特许经营类项目能否成功在很大程度上取决于政府相关部门的管理水平。通过建立有效的监管机制，特许经营类项目能充分发挥双方各自的优势，节约整个项目的建设和经营成本，同时还能提高公共服务的质量。项目的资产最终归公共部门保留，因此一般存在使用权和所有权的移交过程，即合同结束后要求私人部门将项目的使用权或所有权移交给公共部门。

（3）私有化类。PPP 项目则需要私人部门负责项目的全部投资，在政府的监管下，通过向用户收费收回投资实现利润。由于私有化类 PPP 项目的所有权永久归私人拥有，并且不具备有限追索的特性，因此私人部门在这类 PPP 项目中承担的风险最大。

PPP模式将部分政府责任以特许经营权方式转移给社会主体（企业），政府与社会主体建立起“利益共享、风险共担、全程合作”的共同体关系，政府的财政负担减轻，社会主体的投资风险减小。

二、PPP各方主体

PPP项目的参与方通常包括政府、社会资本方、融资方、承包商和分包商、原料供应商、专业运营商、保险公司以及专业机构等。各主要参与方相互关系如图7-3所示。

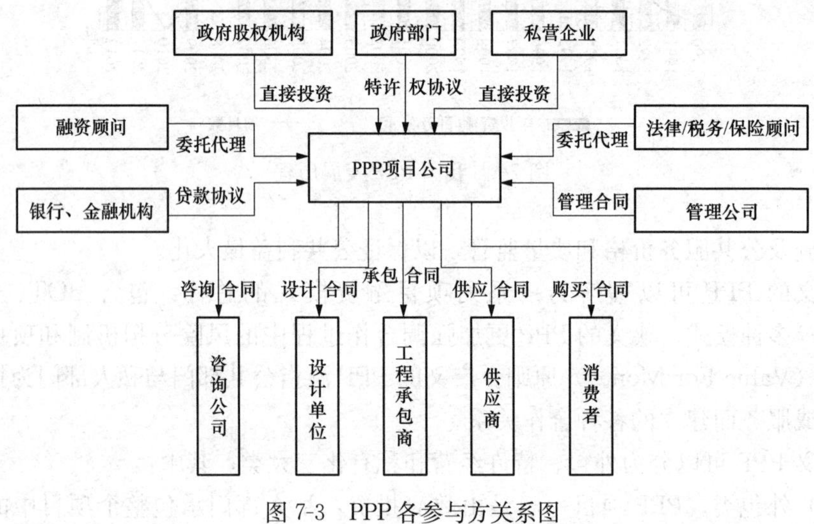

图7-3　PPP各参与方关系图

1. 政府

根据PPP项目运作方式和社会资本参与程度的不同，政府在PPP项目中所承担的具体职责也不同。总体来讲，在PPP项目中，政府需要同时扮演以下两种角色：作为公共事务的管理者，政府负有向公众提供优质且价格合理的公共产品和服务的义务，承担PPP项目的规划、采购、管理、监督等行政管理职能，并在行使上述行政管理职能时形成与项目公司（或社会资本）之间的行政法律关系；作为公共产品或服务的购买者（或者购买者的代理人），政府基于PPP项目合同形成与项目公司（或社会资本）之间的平等民事主体关系，按照PPP项目合同的约定行使权利、履行义务。

政府通过给予项目某些特许经营权和给予项目一定数额的从属性贷款或贷款担保作为项目建设、开发和融资安排的支持。政府需要对项目的可行性进行分析，并组织项目招标，对投标的私营企业进行综合权衡，确定最终的项目开发主体。

2. 社会资本

社会资本是指依法设立且有效存续的具有法人资格的企业，包括私营企业、国有企业、外国企业和外商投资企业。社会资本是PPP项目的实际投资人。但在

PPP实践中，社会资本通常不会直接作为PPP项目的实施主体，而会专门针对该项目成立项目公司，作为PPP项目合同及项目其他相关合同的签约主体，负责项目具体实施。

私营企业和代表政府的股权投资机构合作成立PPP项目公司，投入的股本形成公司的权益资本。政府部门在选择私人投资机构的时候往往比较慎重，因为PPP项目的资金规模非常巨大，花费的时间长，需要私人投资机构具备雄厚的资金实力和良好的信誉。私营企业作为发起人，负责召集PPP项目公司成员。投标以前，各成员就联合成立项目公司达成一致，以合同形式确定各自的出资比例和出资形式，并推选成员中的几人组成项目领导小组负责PPP项目公司正式注册前的工作。

3. 项目公司

项目公司是依法设立的自主运营、自负盈亏的具有独立法人资格的经营实体。项目公司可以由社会资本（可以是一家企业，也可以是多家企业组成的联合体）出资设立，也可以由政府和社会资本共同出资设立。但政府在项目公司中的持股比例应当低于50%，且不具有实际控制力及管理权。

PPP项目公司是PPP项目的实施者，从政府或授权机构获得建设和经营项目的特许权，负责项目从融资、设计、建设和运营直至项目最后的移交等全过程的运作。PPP项目公司正式注册成立后，负责整个项目的运作。项目特许期结束，经营权或所有权转移时，PPP项目公司清算并解散。在项目运作过程中，PPP项目公司的职能主要包括投标与谈判、项目开发、运营和移交、确保项目的服务质量等。

4. 银行等金融机构

PPP项目的融资方通常有商业银行、出口信贷机构、多边金融机构（如世界银行、亚洲开发银行等）以及非银行金融机构（如信托公司）等。根据项目规模和融资需求的不同，融资方可以是一两家金融机构，也可以是由多家银行或机构组成的银团，具体的债权融资方式除贷款外，也包括债券、资产证券化等。

在PPP项目的资金中，来自私营企业以及政府的直接投资占的比例通常比较小，大部分的资金来自银行和金融机构，且贷款期限较长。为了保证项目贷款的顺利回收，贷款人通常要求PPP项目公司或其参与者提供履约保函或担保函，从而避免或减少由于开发或运营不善带来的损失。同时，贷款人为了保证贷款的安全性，通常要求PPP项目公司质押他们在银行的账户，如基本账户、营业收入账户、还款账户等。

5. 咨询公司

由于PPP项目运作参与合作者众多、资金结构复杂、项目开发期较长、风险较大，因此在项目的全寿命期内都需要咨询公司的介入，指导项目的运作。咨询公司作为PPP项目的政府方顾问，在城市基础设施PPP项目方面必须有丰富的经验。在PPP项目中的主要工作包括组织尽职调查、设计基础设施PPP项目方案，设计项目交易结构和招商程序，设定边界条件、遴选标准等，建立财务模型并进行商业预测分析，编制招商文件，组织实施招标或竞争性谈判等公开竞争性招商程序，参与商务谈判及协助签订项目特许经营协议等。

三、项目合同体系

PPP项目合同是政府方与社会资本方依法就PPP项目合作所订立的合同。其目的是在政府方与社会资本方之间合理分配项目风险，明确双方权利义务关系，保障双方能够依据合同约定合理主张权利，妥善履行义务，确保项目全生命周期内的顺利实施。PPP项目合同是其他合同产生的基础，也是整个PPP项目合同体系的核心，其内容包括了PPP项目的整个阶段中各个主体之间关键的利益分配与风险分配。

在项目初期阶段，项目公司尚未成立时，政府方会先与社会资本（即项目投资人）签订意向书、备忘录或者框架协议，以明确双方的合作意向，详细约定双方有关项目开发的关键权利义务。待项目公司成立后，由项目公司与政府方重新签署正式PPP项目合同，或者签署关于承继上述协议的补充合同。在PPP项目合同中通常也会对PPP项目合同生效后政府方与项目公司及其母公司之前就本项目所达成的协议是否会继续存续进行约定。

PPP项目的实施需要签署大量的合同，其参与方及其合同关系如图7-4所示。

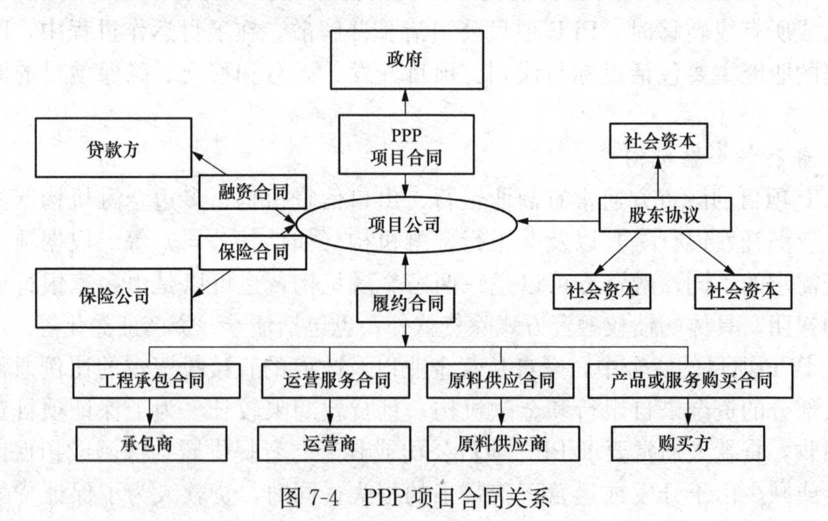

图7-4 PPP项目合同关系

四、PPP模式下造价管理

针对全面造价管理来说，其含有的内容是比较多的，具体包括四大内容：第一大内容是全过程造价管理，第二大内容是全要素造价管理，第三大内容是全风险造价管理，第四大内容是全团队造价管理。

全面造价管理指的就是全过程造价管理，不仅包括决策阶段造价管理，设计阶段造价管理，施工阶段造价管理，还包括竣工阶段造价管理和后期使用阶段造价管理，针对全要素造价管理来说，其对应的要素有造价、工期和质量。针对全风险造价管理来说，具体内容包括确定性造价、风险性造价，还包括不确定性造价等。针对全团队造价管理来说，是指在实现多种利益主体联合的基础上，进行的全面造价管理。

针对PPP项目建造来说，其核心工作是实现融入资金的合理应用。超支风险以及工期风险的承担主体是承包商，另外也可能是承包和企业联合承担，如果联合承担的话，需要一定量的备用资金，如果备用资金不充足的话，就要进行超支成本融资，因此，加强全面造价管理是非常必要的。在PPP项目建造当中，还存在相关问题，这些问题不仅来自于全过程造价控制和全要素造价控制，还来自于全风险造价控制以及全团队造价控制，要想解决这些问题，应当采取一系列有效方法，严格落实全面造价管理和控制工作。

（1）针对PPP项目建造过程来说，其不仅含有项目最初设计工作，还包括技术设计、招标投标设计和工程实施等。PPP项目全过程建造可以分为多个阶段的造价管理，对于各个阶段的造价管理工作，都需要花费一定的资金和费用，这些费用还包括各阶段中活动开展的资源费用。且在各个阶段设计当中，还需要浪费一定的人力资源和其他资源。只有实现对各个环节活动的造价控制和管理，才能最终落实好全面造价管理和控制工作。在实际的招标投标管理当中，相关工作人员必须在结合相关文件标准要求和相关规范的基础上，加大标底审核力度，保证标底造价科学合理性，最终把工程造价维持在科学合理的范围当中。针对那些价格偏高的承包来说，会导致企业受损严重，而针对那些价格偏低的承包来说，会导致一系列不标准施工问题出现，还会导致一系列安全问题出现，无法从根本上保证施工质量，还会导致施工工期延误现象产生。

因此在实际的建造过程中，必须加大对投资实际数值以及目标数值的研究分析，找出两者之间存在的差距，并分析差距产生的原因，进而采取一系列科学合理的对策进行控制管理，最终实现项目投资管理目标。

（2）针对PPP建造造价来说，仅仅落实全过程造价管理工作是不够的，还必须明确建造造价管理中存在的相关因素，不仅要明确成本管控要素，明确好工期管控要素，还要明确好质量管控要素等，在明确好相关要素的基础上，提升全面造价管理效率。

（3）在实际的PPP项目建造当中，存在的风险是比较多的，具体来说包括两大风险：第一大风险是技术风险，该风险主要产生在项目生产当中和项目运营当中，技术风险产生的来源比较多，来源于设计，如果设计不合理和不完整的话，会导致技术风险产生，设计考虑不全面和选用材质不合理的话，也会导致技术风险产生。施工技术和方法不科学的话，会导致一系列技术风险产生，施工安全保护对策不全面的话，会导致技术风险产生。第二大风险是建设风险，要想从根本上消除该风险，必须要按期完工，避免建设延期问题出现，还要严格控制建设成本，加大风险管控力度。

(4) 针对不同的项目类型，其对应的组织结构也不同，但项目往往会和政府及相关部门有关，和企业以及设计方有关，还和建设部门以及运营等部门有关。因此，要想从根本上落实好项目建造全面造价管理工作，必须创新和完善伙伴式管理模式，从根本上提升项目造价管理有效率。

五、PPP 咨询与造价咨询

PPP 咨询是项目全生命周期的咨询，涉及的专业比较多，比如财务、财政支出、造价、法律的各种专业，而目前同时精通这些专业的人比较少，这也是 PPP 咨询在造价咨询行业推广困难的重要原因。

传统造价咨询重在施工（实施）阶段的造价管理，重在静态的工程价格分析，对项目的投资决策局限于某个绝对数据的大小。

PPP 咨询把项目的造价控制提到决策阶段，造价咨询公司更能体现其对价格的把控敏感性。PPP 咨询引入了资金的时间价值，对整个项目的资金投入进行长时间的折现分析，对资金的机会成本进行充分考虑，对项目资金的使用效率分析更加充分。此外，PPP 项目不仅是施工建设阶段的投入，更加看重的是经营期间的投入产出，以及项目对社会公众服务带来的效益。

随着 PPP 模式的出现，市政基础设施投资迅猛发展，如海绵城市、城市综合管廊、城市双修、供水、供热等，为工程造价管理人员提供了新的业务机遇，我们要紧紧抓住这次机遇，拓展造价管理业务类型和范围，改变观念，迎合 PPP 项目服务的要求，紧密结合 PPP 各项相关政策，提供优质的 PPP 项目咨询服务。

后　记

目前，国内造价咨询也大多处在定额计价、简单计量、施工阶段造价控制、竣工图结算的短周期、低水平、简单程序的服务阶段。与国际造价水平相比，我国造价咨询业目前还处于初级水平，甚至相对于港澳地区在竞争力方面还存在很大的差距。

在当前BIM技术、互联网＋、信息化、大数据、云平台等新技术与新思维，以及PPP、EPC等新合作模式的大量出现的新形势下，建筑行业将迎来巨大的历史性变革，风险因素大、质量要求高、利润微薄化已成为建设行业相关企业管理的重要特征，建筑业正面临着“快鱼吃慢鱼”的生存挑战。造价咨询行业的破产、兼并与重组将大量出现，国内造价咨询企业要面临国内及国际上的双重竞争，其竞争也将更加激烈，这无疑将迫使造价企业在管理及技术上的创新，加强新技术的学习与运用，提高企业的诚信度，从而推动整个造价行业的发展。同时在国家“一带一路”等新战略的带动下，将给国内咨询企业提供国外广阔的行业市场，带动新的利润增长点，也迫使企业在国际竞争的情况下提高企业内部实力与国际知名度。

造价行业的竞争归根结底是造价人才的竞争，造价人更应与时俱进学习不断更新的知识，才能跟上时代的潮流，实现自己的人生价值。